AF603162

RECHERCHES

SUR LA

FÉCONDATION DES FUCACÉES

ET LES

ANTHÉRIDIES DES ALGUES.

RECHERCHES

SUR LA

FÉCONDATION DES FUCACÉES

SUIVIES D'OBSERVATIONS

SUR LES ANTHÉRIDIES DES ALGUES

PAR

M. G. THURET

PARIS
LIBRAIRIE DE VICTOR MASSON
PLACE DE L'ÉCOLE-DE-MÉDECINE
1855

RECHERCHES

SUR LA

FÉCONDATION DES FUCACÉES

ET LES

ANTHÉRIDIES DES ALGUES.

Mes recherches sur la fécondation des Fucacées ont déjà été publiées dans deux recueils scientifiques (1). Je n'aurais pas osé revenir une troisième fois sur ce sujet, si je n'avais pensé qu'il pouvait être utile de faire mieux connaître, à l'aide de quelques figures, un phénomène dont l'étude n'est malheureusement pas à la portée de tous les naturalistes, mais dont l'importance ne saurait, je crois, être méconnue par personne. En effet, de toutes les questions qui composent le domaine de la physiologie végétale, il n'en est point de plus dignes d'intérêt que celles qui concernent la fécondation et la reproduction ; et cet intérêt semble augmenter encore, quand il s'agit de ces végétaux, qui, placés aux derniers rangs de l'échelle des êtres vivants, ont été si longtemps regardés comme entièrement dépourvus d'organes sexuels. Or, parmi toutes ces prétendues agames, il n'y en a aucune dont l'étude soit plus instructive sous ce rapport que les Fucacées. Non-seulement ces plantes nous fournissent la preuve la plus péremptoire de l'existence d'une véritable sexualité : mais de plus, les circonstances dans lesquelles la fécondation s'opère, permettent de suivre ce phénomène avec une précision, une netteté, une certitude de résultats, qui ne se rencontrent nulle part au même degré dans le règne végétal. Ajoutons

(1) *Comptes rendus des séances de l'Académie des sciences*, t. XXVI, p. 745, séance du 25 avril 1853 ; *Mémoires de la Société des sciences naturelles de Cherbourg*, t. I, p. 161.

enfin qu'il existe entre la fécondation des Fucacées et celle de quelques animaux inférieurs, des ressemblances extrêmement frappantes et bien dignes assurément de toute l'attention des physiologistes (1). Ces quelques mots suffiront, je l'espère, pour me justifier de revenir encore sur un fait qui se rattache par tant de points aux questions les plus importantes de l'histoire naturelle.

A la suite de ces recherches, je donnerai sur les anthéridies des autres Algues quelques détails destinés à compléter ce que j'ai dit de ces organes dans ce même recueil (2).

PREMIÈRE PARTIE.

(Planches 12, 13, 14 et 15.)

On sait que la fructification des Fucacées est renfermée dans des cavités sphériques situées sous l'épiderme, qui s'ouvrent à la surface de la fronde par un petit pore ou ostiole. Ces cavités ou conceptacles (Scaphidies, J. Ag.; Angiocarpes, Kütz.) contiennent deux sortes d'organes de nature très différente. Les uns sont de gros corps reproducteurs de forme ovoïde, de couleur olivâtre, fixés aux parois de la cavité par un court pédicule, qui, dans plusieurs genres (*Pycnophycus*, *Himanthalia*, *Cystosira*, *Halidrys*), restent indivis, dans quelques-uns se partagent en deux (*Pelvetia*), en quatre (*Ozothallia*), ou en huit spores (*Fucus*). Les autres sont de petits sacs ovoïdes (Anthéridies), insérés sur les poils qui tapissent les parois; ils contiennent un grand nombre de corpuscules hyalins (Anthérozoïdes) renfermant un granule rouge, lesquels, après leur sortie du sac, se meuvent avec vivacité dans l'eau au moyen de deux cils de longueur inégale. Pour plus de détails sur ces organes, je renvoie à mon précédent mémoire sur les anthéridies. Ce que je viens de dire suffira, je pense, pour qu'en jetant les yeux sur les planches ci-jointes, on puisse comprendre les observations qui vont suivre.

(1) Voyez à sujet les *Observations sur le mécanisme et les phénomènes qui accompagnent la formation de l'embryon chez l'Oursin comestible*, par M. Derbès (*Annales des sciences naturelles*, 3e série, ZOOLOGIE, t. VIII, p. 80, pl. 5).

(2) *Recherches sur les anthéridies des cryptogames* (*Ann. des sc. nat.*, 3e série, tome XVI).

Je dois encore rappeler que quelques espèces de Fucacées sont dioïques, c'est-à-dire que les spores et les anthéridies se trouvent dans des conceptacles et sur des individus différents. D'autres sont hermaphrodites, le même conceptacle renfermant à la fois les deux sortes d'organes. Ce sont les espèces dioïques de nos côtes qui m'ont permis d'obtenir, au moyen des fécondations artificielles, la preuve directe de la sexualité des Fucacées. Ces espèces sont au nombre de quatre, savoir : les *Fucus vesiculosus* et *serratus*, L. ; l'*Ozothallia vulgaris*, Dcne. et Thur. (*Fucus nodosus*, L.), et l'*Himanthalia lorea*, Lyngb. (1).

Je prendrai pour exemple le *Fucus vesiculosus*, L., comme l'espèce la plus commune sur nos côtes, et celle, par conséquent, sur laquelle il sera le plus facile de vérifier les faits que je vais rapporter. Je donnerai d'abord quelques détails sur la structure et le mode d'évolution des corps reproducteurs, dont l'organisation compliquée mérite un examen particulier.

Si l'on cherche à se rendre compte du premier développement des sporanges en disséquant de jeunes conceptacles femelles, on reconnaîtra que ces organes tirent leur origine des cellules qui composent la paroi de la cavité conceptaculaire. Quelques-unes de ces cellules forment une petite protubérance ovoïde au-dessus des au-

(1) M. J. Agardh semble croire qu'une même espèce de Fucacée peut être tantôt hermaphrodite, tantôt dioïque, ou renfermer tour à tour dans les mêmes conceptacles des spores ou des anthéridies (voy. *Species Algarum*, t. I, p. 183 et seq.). Mes observations sur ce point sont en contradiction avec celles de ce savant. Depuis plusieurs années que j'étudie les Fucacées de nos côtes, j'ai disséqué une quantité innombrable de conceptacles, et jamais je n'ai pu constater de variations de ce genre. J'ai toujours retrouvé les mêmes espèces dioïques ou hermaphrodites, telles que je les ai indiquées dans mes *Recherches sur les anthéridies*. Je dois seulement corriger une inadvertance qui m'a échappé dans ce mémoire, à propos du *Fucus ceranoides*, L., que je cite à tort parmi les espèces dioïques, mais dont les conceptacles renferment des bouquets d'anthéridies entremêlés aux spores, comme ceux du *Fucus platycarpus*, N.: ce caractère fournit même un moyen sûr et facile, quand on a des réceptacles suffisamment développés, pour distinguer ces deux espèces de toutes les formes du *Fucus vesiculosus* qui s'en rapprochent.

tres, et se coupent en deux par une cloison transversale : des deux nouvelles cellules ainsi produites, la supérieure, convertie en sporange, se remplit d'une matière granuleuse d'un gris olivâtre, qui devient de plus en plus dense et plus foncée, en même temps que la cellule grossit et s'arrondit ; l'inférieure ne prend plus de développement, et formera désormais le pédicule du sporange (voy. Pl. 13, Fig. 6 et 7). Lorsque le sporange a atteint une certaine dimension, la matière qu'il renferme se segmente en huit parties. Quelquefois, surtout quand le contenu du sporange n'a pas pris une teinte trop foncée, on voit cette division s'annoncer par l'apparition de taches brunâtres ; chacune de ces taches correspond à l'une des huit spores qui seront le résultat de la segmentation (Fig. 7). Arrivé à son complet développement, le corps reproducteur ou *octospore*, renfermé dans le sporange, forme une masse ovale-arrondie, opaque, d'un brun grisâtre, entourée d'un bord hyalin, sur laquelle les traces de la division octonaire se manifestent par des lignes polygonales (Fig. 8) ; la position de ces lignes n'a d'ailleurs rien de constant ; car, bien que le contenu du sporange se divise régulièrement en huit spores de grosseur sensiblement égale, la manière dont cette division s'effectue et dont les spores sont groupées entre elles, varie à l'infini. La partie inférieure de l'octospore adhère au pédicule par un point circulaire ou hile, peu visible à cette époque, mais dont on retrouve l'empreinte bien marquée quand l'octospore est sorti du sporange. Le bord hyalin dont l'octospore est entouré, est formé par deux membranes, qui se confondent en une étroite ligne transparente : la membrane externe (Périspore, Dcne., J. Ag.) appartient à la cellule ou sporange dans laquelle l'octospore s'est formé ; la seconde (Épispore, Dcne.) n'est pas distincte de celle-ci, tant que l'octospore est renfermé dans le sporange, mais devient très visible quand le sporange crève et que l'octospore est mis en liberté. Celui-ci conserve alors sa forme première, grâce à cette seconde membrane qui retient les spores fortement serrées entre elles (Pl. 14, Fig. 10). On distingue nettement à sa base l'empreinte du hile.

Une fois sortis du sporange, les octospores glissent jusqu'à l'orifice du conceptacle, et arrivés là, ou ils tombent au fond de l'eau, ou bien, si la plante est exposée à l'air, mais dans une atmosphère humide, ils s'accumulent peu à peu à l'ouverture des ostioles, de sorte que le réceptacle est bientôt parsemé de petits mamelons granuleux, de couleur verdâtre, de consistance visqueuse, uniquement composés d'octospores. Si alors on détache quelques-uns de ceux-ci avec une pointe fine et qu'on les mette dans une goutte d'eau de mer sous le microscope, on les verra successivement subir les modifications suivantes, que je vais essayer de décrire, mais qu'on ne pourra bien comprendre qu'en parcourant la série de figures où elles sont représentées (Pl. 14, Fig. 11 à 15).

Peu après avoir été plongés dans l'eau, les octospores augmentent de volume. Les spores tendent à s'isoler et à s'arrondir (Fig. 11). En même temps la partie supérieure de l'épispore commence à se dissoudre. Les spores s'écartent du fond de l'épispore, et l'on s'aperçoit alors qu'elles ne sont point libres à l'intérieur de celui-ci, mais qu'elles sont encore enveloppées d'une membrane extrêmement délicate, qui revêt tout leur contour : cette membrane présente souvent, dans chaque intervalle que les spores laissent entre elles, une petite ligne fort ténue qui semble correspondre à une cloison, comme si chaque spore était renfermée dans un compartiment séparé (Fig. 12). Il est possible toutefois que ces lignes, qui ne sont pas toujours visibles, ne soient que l'empreinte produite sur la membrane interne par la segmentation de la matière sporacée dont j'ai parlé plus haut. Quoi qu'il en soit, à mesure que la partie supérieure de l'épispore se dissout, les spores tendent à sortir par ce côté, et s'éloignent de plus en plus de la base de l'épispore, entraînant avec elles la membrane interne, qui cependant reste fixée à cette base par le hile (Fig. 13). D'autre part, la portion inférieure de l'épispore, qui ne s'est point dissoute et dont le bord est nettement circonscrit, se replie sur elle-même pour livrer passage aux spores; elle finit par s'en séparer complétement; le hile seul reste attaché à la membrane interne, et, entraîné par celle-ci, remonte à travers le fond de l'épispore (Fig. 14). Enfin la membrane interne se déchire, et les spores deviennent libres (Fig. 15). Toutes ces opérations s'accomplissent généralement en moins d'une heure, quelquefois beaucoup plus rapidement. L'épispore persiste encore quelque temps, de même que le sac interne, qui se montre sous la forme d'une membrane très ténue, irrégulièrement plissée. Ni l'une ni l'autre de ces membranes ne se colore en bleu par l'iode et l'acide sulfurique, même après avoir été traitées par la potasse caustique.

Les spores devenues libres sont parfaitement rondes, d'un jaune olivâtre : elles renferment chacune un globule central plus clair, qui est probablement un nucléus, mais que je n'ai pu réussir à isoler. Elles sont à cette époque absolument dépourvues de tégument, caractère qui semble général dans les spores des Algues, aussi bien dans celles des Floridées que dans les zoospores, mais seulement, bien entendu, au moment où ces corps sortent du sporange ; car, avant même que la germination se manifeste (et celle-ci a lieu souvent au bout de quelques heures), la formation d'une membrane de cellulose est déjà facile à constater. La forme globuleuse des spores des *Fucus* est donc uniquement maintenue par la cohésion de la matière visqueuse, non miscible à l'eau, dont elles sont composées. Si on les presse légèrement entre deux lames de verre, on les voit se déformer, s'étirer dans divers sens, quelquefois se partager en plusieurs fragments qui prennent souvent eux-mêmes une forme arrondie en vertu de la même cause, c'est-à-dire de cette viscosité de la matière qui les constitue. Une pression plus forte écrase totalement la spore, qui alors s'éparpille en masses grumeleuses amorphes, composées de chlorophylle jaune-verdâtre et d'une matière visqueuse incolore : celle-ci prend, sous l'action du sucre et de l'acide sulfurique, une coloration rose qui indique la présence de la protéine. On ne trouve aucune trace de cellulose.

Les expériences dont je vais parler maintenant ont eu pour but d'établir ce que deviennent les spores dégagées de leurs enveloppes, selon qu'elles sont mises en contact avec les anthérozoïdes, ou qu'elles sont soustraites à leur action. Dans le premier cas elles sont fécondées et germent ; dans le second, elles ne germent pas. Je vais examiner successivement ce qui se passe dans ces deux circonstances.

Lorsque les frondes mâles, faciles à reconnaître par la couleur jaunâtre de leurs réceptacles, sont placées quelque temps dans une atmosphère humide, il se produit un effet analogue à celui que j'ai décrit dans les plantes femelles. Les anthéridies, expulsées en immense quantité hors des conceptacles, viennent, comme les octospores, former à la surface de la fronde, à l'entrée de chaque ostiole, de petits mamelons visqueux, de couleur orangée. Que l'on détache un peu de cette matière visqueuse avec une aiguille, et qu'on l'examine au microscope dans une goutte d'eau de mer, on verra qu'elle est entièrement composée d'anthéridies, qui presque aussitôt se vident des anthérozoïdes qu'elles renferment (Pl. 12, Fig. 3); ceux-ci s'agitent avec la plus grande vivacité, et leurs mouvements se prolongent quelquefois jusqu'au lendemain, mais en diminuant peu à peu d'intensité; le troisième jour au plus tard, ils se décomposent.

Pour féconder les spores et les mettre en état de germer, il suffit de mélanger à l'eau qui les baigne quelques anthéridies. Si l'expérience est faite sur une lame de verre, et que les anthérozoïdes soient en quantité assez considérable, on sera témoin d'un des plus curieux spectacles que l'étude des Algues puisse donner l'occasion d'observer. Les anthérozoïdes, s'attachant en grand nombre aux spores, leur communiquent au moyen de leurs cils vibratiles un mouvement de rotation quelquefois très rapide. Bientôt tout le champ du microscope est couvert de ces grosses sphères brunâtres hérissées d'anthérozoïdes, qui roulent dans tous les sens au milieu du fourmillement de ces corpuscules. La figure 4 (Pl. 12) est destinée à donner quelque idée de ce singulier phénomène. Après s'être prolongée environ une demi-heure, rarement plus longtemps, la rotation des spores cesse; les anthérozoïdes continuent encore de s'agiter quelque temps, mais avec moins de vivacité, jusqu'à ce qu'enfin tout mouvement s'arrête.

Dès le lendemain du jour où les spores ont été mises en contact avec les anthérozoïdes, elles sont déjà revêtues d'une membrane dont la présence se reconnaît aisément, soit en écrasant la spore avec précaution, soit, ce qui vaut mieux, en la mettant dans du sirop de sucre; par ce moyen, le contenu de la spore se contracte bientôt assez fortement pour laisser voir nettement la membrane enveloppante. L'iode et l'acide sulfurique colorent cette membrane en bleu. Le même jour ou le jour suivant, au plus tard, paraît une première cloison, qui divise la spore en deux; en même temps, on distingue sur un point de la circonférence un petit épaississement de la membrane, et la spore, formant une légère protubérance de ce côté, tend à devenir ovoïde ou pyriforme. Cette élongation de la spore se fait presque toujours perpendiculairement à la première cloison dont je viens de parler. D'ailleurs la spore s'allonge quelquefois sensiblement avant de se cloisonner; ou bien, au contraire, elle se cloisonne plusieurs fois avant de s'allonger. Les nouvelles cloisons sont, en général, les unes à peu près parallèles à la première, les autres perpendiculaires à celles-ci, mais sans qu'il y ait rien de constant, ni dans leur position, ni dans l'ordre selon lequel elles prennent naissance. Cependant la partie de la spore qui formait une protubérance, continue à s'allonger de plus en plus, et finit par se convertir en un filament hyalin, sorte de radicule, qui est presque entièrement dépourvu de chlorophylle, et ne renferme que quelques granules jaunâtres à son extrémité. Bientôt plusieurs de ces radicules naissent de la base de la spore, et servent à fixer solidement la jeune fronde (1). Celle-ci, dont les cellules continuent à se multiplier, s'allonge peu à peu en une petite expansion de forme obovale, de couleur brune. Puis un faisceau de poils hyalins se développe à son sommet dans une petite dépression du tissu, premier indice de ces cryptes pilifères (Pores mucipares, Auct.; Cryptostomates, Kütz.), que l'on trouve sur la fronde de la plupart des Fucacées (Pl. 14 et 15, Fig. 18, 19).

Quant aux spores qui n'ont point été mises en contact avec les anthérozoïdes, elles restent plusieurs jours sans présenter aucun

(1) J'ai observé que ces radicules affectent la même tendance à fuir la lumière que les racines des végétaux supérieurs. Ainsi, lorsque les lames de verre qui portent les germinations sont placées devant une fenêtre, et qu'on a eu soin de les maintenir constamment dans la même direction, on verra que presque toutes les radicules sont tournées vers l'intérieur de la chambre. Si alors on place les lames de verre en sens contraire, de manière à ce que les radicules soient tournées vers la fenêtre, elles continueront à s'allonger, mais en se recourbant peu à peu, jusqu'à ce qu'elles aient repris leur direction première vers le côté le moins éclairé.

changement; puis elles finissent par se décomposer. Il s'en trouve parfois quelques-unes qui se recouvrent d'un tégument, s'allongent et produisent des sortes de boyaux irréguliers, étranglés de distance en distance, de forme et de longueur variables, revêtus, comme la spore dont ils émanent, d'une membrane que l'iode et l'acide sulfurique colorent en bleu (Pl. 15, Fig. 20). Mais ce développement imparfait, ces tentatives de germination, si je puis ainsi parler, ne vont jamais plus loin. Au bout de dix à quinze jours, toutes les spores sont également en voie de décomposition. J'ai répété cette expérience un si grand nombre de fois sur toutes nos espèces dioïques, et elle m'a donné si constamment le même résultat, que je n'éprouve aucune hésitation à formuler la loi suivante : Les spores des Fucacées sont incapables de germer et de reproduire leur espèce sans le concours des anthérozoïdes.

Tous les détails que je viens de donner sur le *Fucus vesiculosus* s'appliquent également au *Fucus serratus*, dont la fructification est absolument pareille, sauf la forme du réceptacle. Il en est de même de l'*Ozothallia vulgaris*. Seulement, dans cette dernière espèce, le contenu du sporange se divise en quatre spores et non en huit, comme dans les vrais *Fucus;* en outre l'épispore offre beaucoup moins de consistance et se dissout tout entier dans l'eau à l'exception du hile, particularité que j'ai observée aussi dans le *Fucus platycarpus*. Dans l'*Himanthalia lorea*, le sporange ne renferme qu'une spore fort grosse, qui pourtant ne se partage jamais en quatre sporules, comme le dit M. Harvey (1). Au lieu d'un hile unique, elle est fixée à la base du sporange par plusieurs petits hiles. Lors de la germination, elle se divise en une quantité de petites cellules, mais en conservant sa forme arrondie : quelques faisceaux de radicules naissent sur une partie de la circonférence : au bout de quelques mois, mes jeunes *Himanthalia*, au lieu de se développer en une fronde obovale, comme les *Fucus*, s'étaient convertis en une petite masse celluleuse turbinée, dans laquelle il semblait que l'on retrouvât déjà l'indice de la forme que présentera la fronde future.

(1) *Phycologia Britannica*, tab. LXXVIII.

Plusieurs de nos Fucacées dioïques étant en fructification à la même époque, j'ai profité de cette circonstance pour essayer de féconder les spores d'une espèce avec les anthérozoïdes d'une autre, et réciproquement. Ces expériences me semblent confirmer pleinement l'existence d'une véritable sexualité dans ces plantes. Ainsi, quand j'ai mélangé les spores de l'*Ozothallia vulgaris* avec les anthérozoïdes des *Fucus serratus* et *vesiculosus*, ou les spores de ceux-ci avec les anthérozoïdes de l'*Ozothallia*, je n'ai point eu de résultat, et les spores se sont décomposées comme si elles n'avaient pas été fécondées. Dans quelques cas très rares, j'ai observé sur une ou deux spores un commencement de germination, mais qui s'est arrêté presque aussitôt sans se développer davantage. Les résultats négatifs que j'obtenais toujours dans ces essais, m'ont paru d'autant plus remarquables que les spores et les anthérozoïdes de ces trois espèces ont une parfaite ressemblance; que d'ailleurs les anthérozoïdes s'attachaient en grand nombre aux spores et les faisaient tourner durant des heures entières; qu'enfin, dans les expériences comparatives que j'avais soin de faire en même temps et dans les mêmes conditions, mais en mélangeant ces mêmes spores aux anthérozoïdes de leur propre espèce, *toutes* celles-ci germaient et se développaient avec leur promptitude ordinaire. On ne peut donc guère se refuser à reconnaître ici un nouvel exemple de cette sorte de répugnance de la nature à produire des hybrides, qui semble une loi générale destinée à garantir la permanence des types spécifiques. Je n'ai point réussi non plus à féconder les spores de l'*Himanthalia lorea* avec les anthérozoïdes de l'*Ozothallia vulgaris* et du *Fucus serratus*. Même insuccès quand j'ai mêlé les spores du *Fucus serratus* avec les anthérozoïdes du *Fucus vesiculosus*. Mais il n'en a pas été de même quand j'ai fait l'opération inverse. Toutes les fois, en effet, que j'ai mélangé les spores du *Fucus vesiculosus* avec les anthérozoïdes du *Fucus serratus*, j'ai obtenu des germinations plus ou moins nombreuses, qui se sont très bien développées. Or, il faut remarquer ici que les trois Fucacées, *Ozothallia*, *Himanthalia* et *Fucus serratus*, dont les spores ne paraissent pas susceptibles d'être fécondées par les anthérozoïdes d'une autre espèce, sont toutes trois très constantes dans leur forme et ne présentent aucune variation notable : le *Fucus vesiculosus*, au contraire, comme le savent tous ceux qui se sont occupés d'Algues, a d'innombrables variétés et affecte dans une même localité des formes si diverses, qu'il est presque impossible de déterminer quel est le vrai type spécifique de cette plante polymorphe. Ce ne serait donc pas une hypothèse dénuée de toute vraisemblance, que d'attribuer la grande variabilité de ce dernier à la facilité avec laquelle il s'hybriderait à ses congénères, facilité qui est probablement plus grande encore avec les *Fucus platycarpus* et *ceranoides ;* car ces deux espèces, qui croissent souvent mêlées avec le *Fucus vesiculosus*, ont beaucoup plus de ressemblance avec lui que n'en a le *Fucus serratus*.

Il me reste maintenant à traiter quelques points dont je n'ai pas voulu m'occuper dans les pages précédentes, pour ne pas interrompre l'exposé des faits relatifs à la fécondation par des détails d'une importance secondaire.

Le granule orangé des anthérozoïdes se colore en vert sale par l'iode, en beau bleu par l'acide sulfurique. J'ai retrouvé cette réaction remarquable dans un grand nombre de substances de couleur rouge ou orangée, d'origines très diverses ; par exemple, dans le point oculaire rouge des Euglènes, des Rotifères et des Monocles, dans les granules rouges que renferment les anthéridies du *Chara*, dans ceux qui colorent les fleurs des *Eschscholtzia*, *Calendula*, *Gorteria*, etc. — Le sucre et l'acide sulfurique donnent aux anthéridies une teinte rose qui annonce la présence de la protéine : cette teinte est surtout facile à reconnaître dans les anthéridies incolores du *Pelvetia* (*Fucus canaliculatus*, L.), dont les anthérozoïdes n'ont point le granule orangé dont je viens de parler.

J'ai dit plus haut que je n'avais pu obtenir de coloration bleue par l'iode et l'acide sulfurique, ni dans l'épispore, ni dans la membrane interne qui revêt immédiatement les spores. Le périspore seul, c'est-à-dire la membrane du sporange, présente la réaction ordinaire de la cellulose. Mais dans le corps reproducteur du *Pelvetia*, il existe un organe particulier où la présence de la cellulose est bien évidente. Chez cette espèce, la matière que renferme le sporange se partage en deux spores. Entre l'épispore général qui relie les deux spores ensemble, et le sac interne très délicat dans lequel chacune d'elles est contenue, se trouve une troisième enveloppe d'une structure fort remarquable. Elle forme autour de chaque spore un large limbe transparent, dont les bords présentent des lignes ou stries concentriques très fines et très nombreuses. Lorsque les spores sont placées dans l'eau de mer, elles ne tardent pas à s'arrondir en s'écartant l'une de l'autre, et en s'isolant des enveloppes dont je viens de parler. En même temps celles-ci se dilatent, les stries de leur contour s'effacent peu à peu, et bientôt chacune d'elles représente la moitié d'une coque ovale, transparente, qui semble toute couverte de cils (Pl. 15, fig. 21). Je présume que cette apparence ciliée est due à la structure intime de cette singulière membrane, et peut-être à la désagrégation partielle des couches qui la composent. Du moins est-il bien certain que ces prétendus cils ne sont pas produits par des parasites, comme le conjecture M. Schacht (1); car on les voit naître en quelque sorte, à mesure que les stries de la membrane disparaissent. Quoi qu'il en soit, cette enveloppe ciliée se colore en beau bleu par l'iode et l'acide sulfurique.

De toutes les circonstances qui accompagnent la fécondation des Fucacées, la rotation des spores est peut-être celle qui frappera le plus l'attention des observateurs. Cependant il ne faudrait pas accorder à ce fait, quelque curieux qu'il puisse être, une importance qu'il n'a pas. Il est bien certain que cette rotation n'est nullement nécessaire à la fécondation des spores, et je ne crois pas qu'elle ait jamais lieu dans la nature. En effet, dans les Fucacées hermaphrodites, où le contact des spores et des anthérozoïdes est à peu près assuré par l'habitation commune des deux organes dans le même conceptacle, les anthéridies expulsées avec les spores sont en très petite quantité, et, en conséquence, les anthérozoïdes ne sont pas assez nombreux pour faire tourner les spores; cependant celles-ci germent très bien. Dans les Fucacées dioïques, le nombre immense des anthéridies et la quantité incalculable d'anthérozoïdes qui se répandent dans le liquide ambiant, sont sans doute destinés à

(1) *Die Pflanzenzelle*, p. 162.

compenser la difficulté que l'éloignement des plantes mâles et femelles oppose à la fécondation. Mais cet éloignement même rend peu probable que les anthérozoïdes puissent jamais s'attacher aux spores en nombre suffisant pour leur imprimer un mouvement de rotation pareil à celui que j'obtenais dans mes expériences. Pour m'assurer d'ailleurs que ce phénomène n'était pas essentiel à la fécondation, j'ai essayé de mêler des spores à des anthérozoïdes que j'avais déposés la veille sur des lames de verre, et dont les mouvements étaient trop affaiblis pour communiquer aux spores une impulsion sensible ; un grand nombre d'entre elles ont néanmoins germé. Enfin, dans l'*Himanthalia lorea*, le volume des spores est si considérable, que je n'ai jamais vu les anthérozoïdes parvenir à les déplacer, quelque nombreux qu'ils fussent. Cependant j'ai obtenu des germinations qui se sont bien développées : elles étaient peu nombreuses, à la vérité ; mais la difficulté de réussir en ce cas peut bien être attribuée à ce que les spores de cette espèce, qui croît de préférence sur les rochers exposés au choc des vagues, ne trouvaient pas dans mon cabinet les conditions nécessaires à leur existence.

Toutefois, si la rotation des spores n'a aucune influence sur leur germination, ce n'en est pas moins un phénomène important à étudier ; car il semble qu'il y a là autre chose qu'un fait accidentel, résultant de la rencontre des anthérozoïdes avec un corps flottant dans l'eau. J'ai essayé plusieurs fois de mélanger des anthérozoïdes de *Fucus* avec des spores de Floridées, que leur volume et leur rondeur auraient permis à ces corpuscules de mettre facilement en mouvement ; j'ai vu quelquefois les anthérozoïdes se rassembler en assez grand nombre autour de ces spores, arrêtés, comme il m'a paru, par l'atmosphère mucilagineuse dont elles sont enveloppées, surtout quand elles commencent à se décomposer. Mais jamais je ne les ai vus s'appliquer à leur surface, et leur communiquer ce mouvement de rotation si curieux dans les Fucacées. J'ajouterai que souvent, dans mes expériences, j'ai mêlé des anthérozoïdes aux octospores récemment sortis des conceptacles, avant que les spores fussent dégagées de leurs diverses enveloppes. En ce cas, les anthérozoïdes s'attachaient au sommet de l'épispore qui commence

BIBLIOTHÈQUE IMPÉRIALE IMPR.

à se dissoudre, et bientôt s'y agglomeraient en si grand nombre, qu'ils formaient en cet endroit une sorte de calotte, qui empêchait l'évolution ultérieure de l'octospore (Pl. 14, Fig. 16). Presque toujours alors je voyais quelques anthérozoïdes qui avaient réussi à pénétrer jusque dans le sac interne, et qui circulaient rapidement entre les spores. Il est difficile, quand on observe ces phénomènes avec attention, de ne pas se laisser aller à croire qu'une impulsion particulière dirige les anthérozoïdes vers les corps qu'ils doivent féconder. — Quant à la tendance des anthérozoïdes à se diriger du côté d'où vient la lumière, celle-là du moins est incontestable, et tout aussi prononcée dans ces corpuscules que dans les zoospores.

Les anthérozoïdes pénètrent-ils dans l'intérieur même de la spore, comme quelques observateurs croient avoir vu les spermatozoïdes entrer dans l'œuf des animaux? Rien ne m'autorise à le penser. J'ai toujours vu les anthérozoïdes glisser à la surface de la spore; jamais ils ne m'ont semblé s'introduire dans sa substance. Lorsque toute espèce de mouvement avait cessé et que la germination commençait, je retrouvais fréquemment dans mes expériences les restes des anthérozoïdes décomposés qui entouraient la spore, mais qui n'étaient point immédiatement appliqués sur elle; une étroite couche mucilagineuse les séparait de celle-ci, et dessinait autour d'elle une aréole transparente (Fig. 18 et 19). Ce qui est peut-être encore plus décisif, c'est que, dans les spores de *Pelvetia* dont j'ai décrit plus haut la structure, je n'ai jamais vu les anthérozoïdes arriver jusqu'à la spore elle-même. Ils m'ont toujours paru s'arrêter en dehors des enveloppes ciliées, à la surface du limbe mucilagineux produit par la dissolution de l'épispore (1). Et cependant ici, comme dans les autres Fucacées hermaphrodites, la germination des spores s'opère très régulièrement.

En terminant l'exposé de mes recherches sur la fécondation des Fucacées, il ne sera peut-être pas inutile de dire quelques mots des procédés que j'ai mis en usage. J'ai souvent senti moi-même le besoin d'indications de ce genre, quand j'ai voulu répéter les obser-

(1) La fécondation des spores de *Cystosira* paraît s'accomplir de même sans qu'il y ait contact immédiat entre la spore et les anthérozoïdes. —

vations des autres. C'est ce qui m'engage à entrer dans quelques détails, dont l'utilité sera appréciée par ceux qui voudraient s'occuper du même sujet.

Ce sont les mois d'hiver (de décembre à mars) qui sont les plus favorables pour ces recherches. Les *Fucus serratus* et *vesiculosus* et l'*Ozothallia vulgaris* sont à cette époque en pleine fructification. Il suffit de récolter quelques individus dont les réceptacles soient bien développés, de les laver dans l'eau de mer, enfin de les placer à l'abri d'une évaporation trop rapide sous une cloche ou entre deux assiettes, pour les voir se couvrir, au bout de quelques heures, de spores ou d'anthéridies. Il est bon alors de ne point tarder à commencer ses observations. Car, si on laisse les frondes en cet état durant trop longtemps, les spores crèvent et ne peuvent plus être détachées intactes de la surface du réceptacle; les anthérozoïdes ont perdu la faculté de se mouvoir; en un mot, les expériences que j'ai décrites ne peuvent plus être faites dans les conditions nécessaires à leur réussite.

Pour bien voir les spores se dégager de leurs enveloppes, de même que pour observer la rotation produite par les anthérozoïdes, il faut éviter de recouvrir la préparation d'une lame de verre mince, comme on le fait ordinairement; car la pression du verre déforme les spores et empêche leur évolution régulière. Un grossissement moyen du microscope est d'ailleurs suffisant pour ces observations, et offre l'avantage de permettre l'emploi de lentilles à long foyer, au moyen desquelles on évite tout danger de contact entre la préparation et la surface de la lentille inférieure (1). J'ai à peine besoin d'ajouter qu'ici, comme toutes les fois qu'on étudie sur le vivant l'organisation des Algues marines, il faut n'employer que de l'eau de mer, jamais d'eau douce; car celle-ci produit sur-le-champ des altérations profondes dans tous les organes qu'elle pénètre (2).

(1) On peut d'ailleurs, pour plus de sûreté, fixer à la lentille, au moyen de quelques atomes de cire vierge, une lamelle de mica bien plane et bien pure. Tel est le moyen que j'emploie, toutes les fois que j'ai besoin de me servir de réactifs dont le contact ou les émanations pourraient altérer le poli du verre.

(2) Je présume que c'est pour avoir négligé cette précaution si simple, que les analyses données par les auteurs, tant de la fructification que du tissu des Algues

Les expériences destinées à vérifier l'action fécondante des anthérozoïdes, à féconder les spores d'une espèce avec les anthérozoïdes d'une autre, etc., peuvent très bien se faire avec quelques vases remplis d'eau de mer, dans lesquels on dépose les deux sortes d'organes ensemble ou séparément. Néanmoins, on pourrait craindre que l'eau ne contînt déjà quelques anthérozoïdes, et, pour éviter cet inconvénient, il ne suffirait pas de la filtrer; car les anthérozoïdes passent à travers le papier à filtre. Il vaut donc mieux se servir de lames de verre, sur lesquelles on met quelques gouttes d'eau de mer dont on peut vérifier la pureté sous le microscope. Les spores germent très bien dans cette petite quantité de liquide, pourvu toutefois qu'on empêche l'évaporation. Je me sers à cet effet de petites étagères de verre ou de cuivre, sur chacune desquelles je puis placer une vingtaine de lames de verre. Je mets ces étagères dans une assiette avec un peu d'eau ou de sable mouillé, et je les recouvre d'une cloche. Ce petit appareil a le précieux avantage de permettre d'établir un grand nombre d'expériences simultanées, en rangeant côte à côte des lames de verre sur lesquelles on place des spores issues d'un même réceptacle, et dont les unes sont seules, les autres mêlées aux anthérozoïdes de leur propre espèce ou à ceux d'une espèce différente. On a ainsi des expériences exactement comparatives, dont les résultats sont aussi concluants que faciles à vérifier. Afin d'empêcher l'altération de l'eau et le développement des Infusoires, qui pourraient nuire à la germination des spores, il est bon de renouveler de temps en temps la goutte d'eau qui les baigne. Cette petite opération est facile quand les spores sont fécondées; car elles adhèrent alors assez fortement à la lame de verre, et l'on peut même laver celle-ci dans l'eau de mer sans crainte de les détacher. Les spores non fécondées, au contraire,

marines, sont généralement peu conformes à la nature. C'est ainsi qu'un grand nombre des belles figures publiées par M. Kützing, dans son *Phycologia generalis*, représentent évidemment des organes plus ou moins altérés, lors même que l'auteur annonce avoir fait ses dessins sur le vivant. Je ne puis attribuer qu'à ce mode imparfait d'observation tant d'erreurs encore universellement admises, par exemple, dans une foule d'Algues olivacées où l'on décrit comme une spore unique l'amas de zoospores renfermés dans le sporange, dans les Floridées où l'on représente les tétraspores entourés d'un large limbe transparent, etc., etc.

continuent à flotter librement dans l'eau, et ne deviennent adhérentes que quand elles se décomposent, ou qu'elles sont revêtues d'un tégument.

Déposées ensuite dans des vases remplis d'eau de mer, mes germinations se sont conservées vivantes depuis plus de quinze mois. Malheureusement, quoiqu'elles n'offrent encore aucune trace de décomposition, il ne semble pas que, dans des conditions pareilles, elles soient susceptibles de se développer au delà d'une certaine limite. Leur accroissement, qui était extrêmement rapide durant les premiers jours, n'a point tardé à se ralentir, et me paraît à peu près arrêté, depuis qu'elles ont atteint une longueur de 1 à 2 millimètres. En cet état, d'ailleurs, elles offrent une parfaite ressemblance avec les petites germinations de *Fucus* que l'on trouve en abondance au printemps, quand on examine avec attention la surface des rochers où végètent ces plantes. Aussi je ne doute nullement que les produits de mes fécondations artificielles ne continuassent à croître comme celles-ci et ne parvinssent bientôt à leur grandeur normale, s'ils étaient placés dans les mêmes circonstances. J'aurais voulu pouvoir faire quelque tentative de ce genre sur les hybrides supposés du *Fucus vesiculosus*, dont il serait fort curieux de suivre le développement complet. Diverses difficultés d'exécution m'ont obligé d'y renoncer. Je souhaite qu'il se trouve quelque naturaliste plus heureux que moi, qui soit en position de pousser ces recherches plus loin, et de réaliser une expérience dont les résultats pourraient avoir un assez grand intérêt pour la physiologie végétale.

EXPLICATION DES FIGURES.

PLANCHE 12.

Fig. 1. Coupe transversale d'un conceptacle mâle de *Fucus vesiculosus*, L. (Grossissement de 50 diamètres.)

Fig. 2. Poils rameux articulés, détachés de la paroi du conceptacle, et portant des anthéridies à divers degrés de développement. (Grossissement de 160 diamètres.)

Fig. 3. Anthéridies représentées au moment où elles se vident des anthérozoïdes qu'elles renferment. (Grossissement de 330 diamètres.)

Fig. 4. Spores et anthérozoïdes. Deux des spores tournent avec rapidité, entraînées par les anthérozoïdes qui sont appliqués sur leur surface. (Grossissement de 330 diamètres.)

PLANCHE 13.

Fig. 5. Coupe transversale d'un conceptacle femelle de *Fucus vesiculosus*, L. (Grossissement de 50 diamètres.)

Fig. 6. Fragment de la paroi interne du conceptacle, portant deux très jeunes sporanges. (Grossissement de 160 diamètres.)

Fig. 7. Sporanges plus âgés. (Même grossissement.)

Fig. 8. Sporange complétement développé. (Même grossissement.)

Fig. 9. Sporange vide. (Même grossissement.)

PLANCHE 14.

(Toutes les figures de cette planche sont représentées à un même grossissement de 160 diamètres.)

Fig. 10. Octospore de *Fucus vesiculosus*, L., représenté au moment où il vient de sortir du sporange.

Fig. 11, 12, 13, 14, 15. Ces cinq figures sont destinées à montrer la manière dont les spores se dégagent successivement de leurs enveloppes, peu après que l'octospore a été plongé dans l'eau de mer.

Fig. 16. Octospore dont les anthérozoïdes ont arrêté l'évolution régulière, en s'agglomérant sur la partie supérieure de l'épispore qui commençait à se dissoudre.

Fig. 17. Spores et anthérozoïdes.

Fig. 18. Germinations à divers degrés de développement.

PLANCHE 15.

(Toutes les figures de cette planche sont représentées à un même grossissement de 160 diamètres.)

Fig. 19. Germinations plus avancées.

Fig. 20. Spores qui n'ont point été fécondées, mais qui cependant se sont revêtues d'un tégument et ont émis un prolongement de forme irrégulière.

Fig. 21. Dispore du *Pelvetia canaliculata*, Dcne et Th.

PARIS. — Imprimerie de L. MARTINET, rue Mignon, 2.

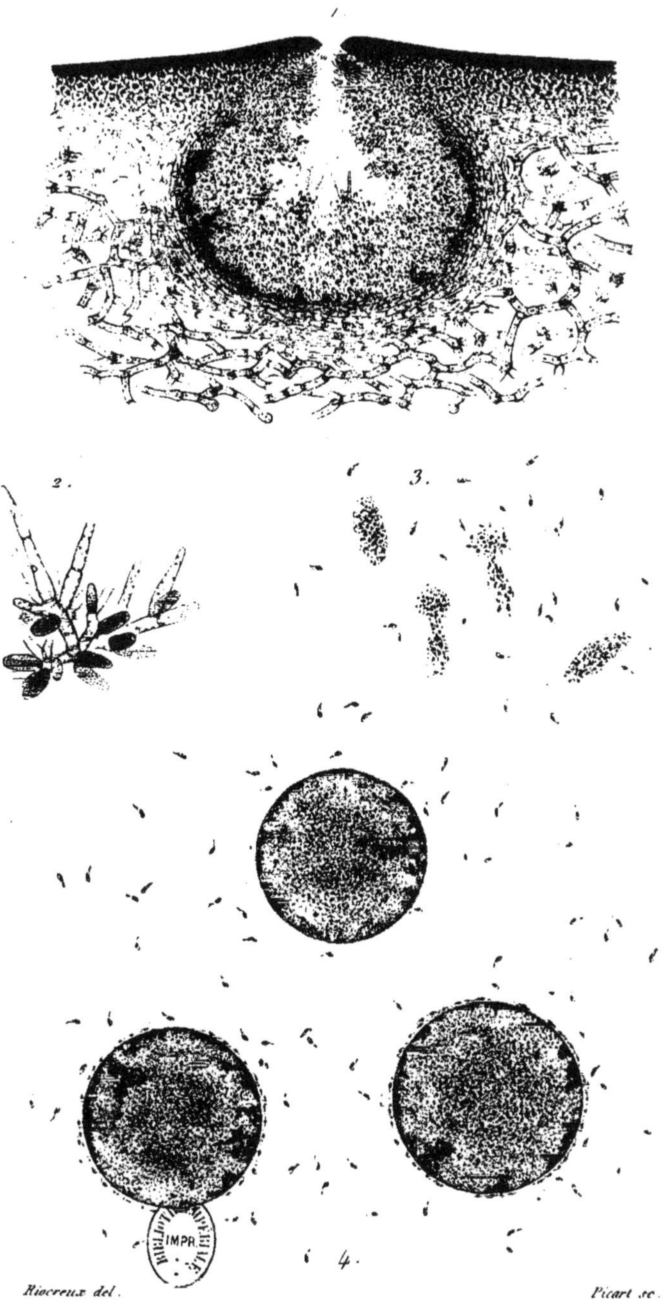

BIBLIOTH. IMPÉRIALE IMPR.

Riocreux del. Picart sc.

Fucus vesiculosus, L.

N. Rémond imp. r. des Noyers, 65, Paris.

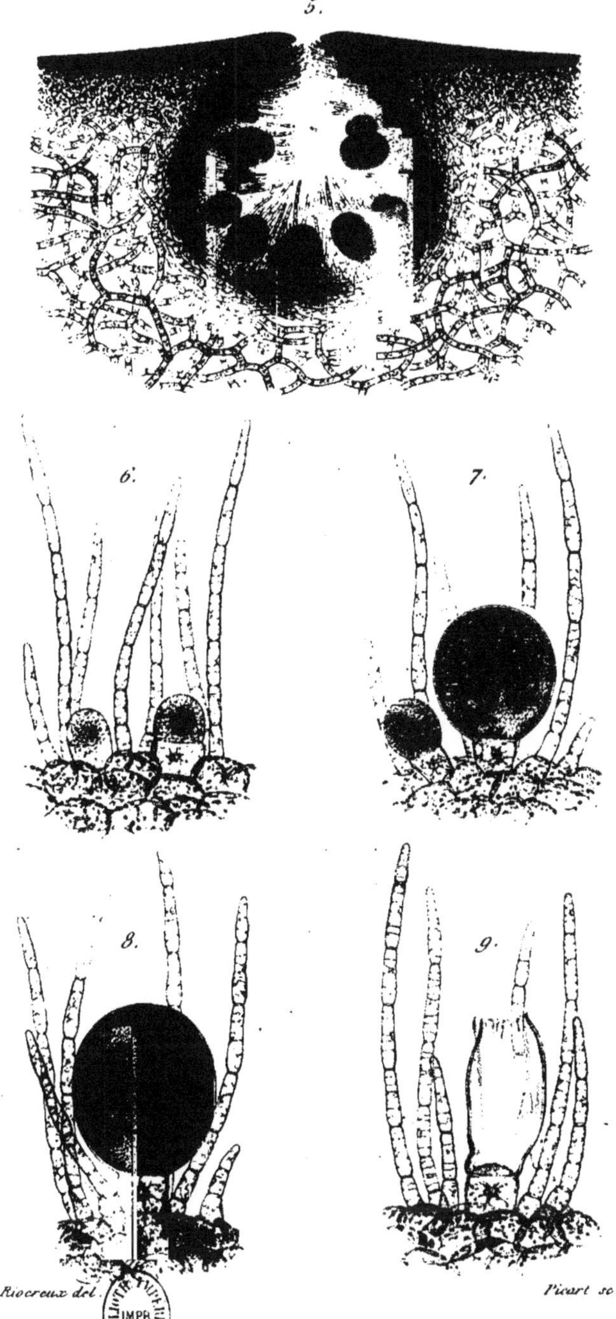

Riocreux del. Picart sc.

BIBLIOTHÈQUE IMPÉRIALE IMPR.

Fucus vesiculosus, L.

N. Rémond imp. r. des Noyers. 65. Paris.

RECHERCHES

SUR LA

FÉCONDATION DES FUCACÉES

ET LES

ANTHÉRIDIES DES ALGUES.

SECONDE PARTIE.

(Planches 2, 3 et 4.)

Les Fucacées sont jusqu'à présent les seules Algues dans lesquelles j'aie réussi à constater l'action fécondante des anthérozoïdes sur les corps reproducteurs. Cependant on trouve dans d'autres espèces des organes dont l'analogie avec les anthéridies des Fucacées est si grande, qu'on ne peut guère se refuser à leur attribuer des fonctions semblables, bien qu'il soit impossible de prouver la réalité de ces fonctions par l'observation directe.

Phéosporées.

Telles sont les anthéridies du *Cutleria* que j'ai décrites dans ce recueil (1). De toutes les Algues olivacées qui se reproduisent par

(1) *Recherches sur les anthéridies* (*Ann. des sc. nat.*, 3e série, t. XVI, p. 12, pl. 1).

zoospores et que j'ai réunies sous le nom de *Phéosporées* (1), ce genre singulier est le seul jusqu'à présent où j'aie trouvé ces organes. Les anthérozoïdes sont absolument pareils à ceux des Fucacées, et, de même que ceux-ci, incapables de germer. J'ignore d'ailleurs comment et à quel moment leur action peut s'exercer. Ce qui est certain du moins, c'est que les zoospores germent très bien sans leur concours.

Tiloptéridées.

J'ai retrouvé des anthéridies analogues à celles du *Cutleria* par leur structure celluleuse, dans le *Tilopteris Mertensii*, Kütz. (*Ectocarpus Mertensii*, Ag.), espèce assez abondante au commencement du printemps sur le littoral de Cherbourg. Tous les auteurs rapportent cette plante aux *Ectocarpus*, et M. Kützing lui-même paraît n'avoir été conduit à la séparer de ce genre que parce que les articles inférieurs des filaments se partagent en plusieurs cellules par des cloisons longitudinales (2), particularité qui me semble de peu d'importance ; car j'ai observé la même structure dans les *Ectocarpus sphærophorus*, Carm., et *brachiatus*, Harv. Mais le genre *Tilopteris* se distingue des *Ectocarpus* par un caractère bien plus essentiel, puisqu'il en diffère totalement par la fructification et n'appartient même pas aux Phéosporées. En effet, cette plante ne se reproduit pas au moyen de zoospores, mais par de grosses spores immobiles, qui se forment dans les articles des ramules latéraux. Souvent géminées, comme les représente M. Harvey (3), ces spores sont aussi quelquefois solitaires, ou réunies par trois ou quatre à la file, ou enfin séparées par des articles non transformés. Les anthéridies, qui m'ont paru beaucoup plus rares que les spores, occupent la même place que celles-ci, et se trouvent sur les mêmes individus. Les articles de quelques ramules, au lieu de se convertir en sporanges, se recouvrent d'une couche

(1) *Recherches sur les zoospores* (*Ann. des sc. nat.*, 3e série, t. XIV, p. 214).

(2) Voy. *Botanische Zeitung*, 5e année, n° 9, p. 166.

(3) *Phycologia Britannica*, tab. CXXXII.

de très petites cellules, dont chacune renferme un anthérozoïde hyalin, muni d'un point rouge, et tout à fait semblable aux anthérozoïdes des Fucacées. La grandeur de ces anthéridies est assez variable : elles sont généralement oblongues, plus larges à la base qu'au sommet. J'ai vu sur un ramule un article renfermant une spore, et l'article suivant transformé en anthéridie.

Ici se présentent les mêmes incertitudes que dans le *Cutleria*, relativement aux fonctions des anthérozoïdes. J'ai pu suivre la germination des spores du *Tilopteris* pendant fort longtemps, et je les ai vues reproduire des filaments tout à fait pareils à ceux de la plante mère. Mais il ne semble pas que le contact des anthérozoïdes soit nécessaire à leur développement; car elles commencent souvent à germer à l'intérieur même des articles où elles sont renfermées. Cependant, comme les anthérozoïdes du *Tilopteris* et du *Cutleria* sont identiques avec ceux des Fucacées, que très certainement ce ne sont pas plus des corps reproducteurs dans les unes que dans les autres, il paraît difficile de n'y point voir le même organe, et de ne pas supposer qu'il remplit des fonctions de même nature.

Dictyotées.

M. J. Agardh a décrit les anthéridies de plusieurs genres de Dictyotées (1). Malheureusement il est de toute évidence que ces descriptions se rapportent à des organes de nature très diverse. Et ce qui augmente encore ici la confusion, c'est que par suite de la fâcheuse négligence qu'on a trop souvent mise à étudier sur le vivant la fructification des Algues marines, on est arrivé à réunir dans les Dictyotées un grand nombre de plantes qui n'ont presque aucun rapport avec elles, et dont la fructification surtout est essentiellement différente. Ainsi je me suis assuré que la majeure partie des genres qu'on a fait tour à tour entrer dans cette famille (*Litosiphon*, *Dictyosiphon*, *Punctaria*, *Asperococcus*, *Arthrocladia*, *Cutleria*, *Chorda*, *Stilophora*), se reproduisent par des zoospores et appartiennent par conséquent aux Phéosporées. Au contraire, les vraies Dictyotées (*Dictyota*, *Dictyopteris*, *Taonia*, *Padina*)

(1) *Species Algarum*, t. I, p. 68 et seq.

constituent un groupe très distinct et très naturel, dont les seuls corps reproducteurs sont de grosses spores immobiles, formées dans les cellules de la couche corticale, qui se gonflent peu à peu et deviennent fortement saillantes à la surface de la fronde. Ce mode de formation des spores peut donner lieu à deux sortes de fructification différentes dans une même espèce : l'une, qui paraît être la fructification ordinaire des Dictyotées, et que j'ai observée dans les quatre genres mentionnés ci-dessus, consiste en tétraspores à division cruciale, tantôt isolés, tantôt réunis en groupes irréguliers, ou disposés en zones parallèles : l'autre, qui n'est point rare dans le *Dictyota dichotoma*, Lmx, consiste en sores de forme oblongue, composés d'un nombre variable de spores contiguës qui ne subissent pas la division quaternaire, et sont recouvertes d'une enveloppe commune par la cuticule transparente dont toute la fronde est revêtue. Ne pouvant entrer ici dans des détails qui m'entraîneraient trop loin, et que j'espère donner ailleurs, je me bornerai à indiquer l'analogie remarquable que présentent ces deux formes de fructification, la première avec le fruit tétrasporique, la seconde avec le fruit polysporique ou Cystocarpe des Floridées.

Les véritables anthéridies des vraies Dictyotées n'ont encore été décrites, si je ne me trompe, que dans une espèce exotique. Du moins la description que donne M. le Dr Montagne des anthéridies de son *Dictyota phlyctænodes* (1), est la seule qui soit assez précise pour que je puisse la rapporter avec certitude aux organes que j'ai moi-même observés sur le *Dictyota dichotoma* de nos côtes. Voici le résumé de mes recherches, commencées, il y a plusieurs années, à Belle-Ile en mer, et que j'ai reprises et complétées plus récemment à Marseille. (Voy. Pl. 2.)

Les tétraspores et les sores polysporiques du *Dictyota dichotoma* se trouvent sur des individus séparés, mais d'ailleurs parfaitement semblables entre eux, et qu'il est impossible de rapporter à des espèces différentes, comme l'a fait M. Kützing. Il en est de même des anthéridies, dont la présence exclut toujours celle des

(1) *Historia fisica y politica de Chile, Botanica*, t. VIII, p. 260, 261.

corps reproducteurs. Ces organes forment sur les deux faces de la fronde des taches oblongues, plus ou moins nombreuses, un peu blanchâtres, légèrement saillantes, mais d'ailleurs à peine distinctes à l'œil nu. Sous un faible grossissement du microscope, on reconnaît que ces taches consistent en groupes ou sores elliptiques de cellules remplies d'une matière grisâtre : chaque sore est limité par quelques rangs de cellules plus grandes, colorées en brun foncé, qui forment à l'entour une sorte d'involucre. Les sores les plus âgés sont vides : leur involucre seul subsiste. — Tel est l'aspect que présente une fronde chargée d'anthéridies, quand on l'examine à plat et par simple transparence. Mais pour bien se rendre compte de la nature de ces organes, il faut pratiquer des coupes minces à travers les sores, et étudier ceux-ci dans les diverses périodes de leur développement. Avant de passer à cet examen, il est bon de dire quelques mots de la structure de la fronde dans laquelle les anthéridies prennent naissance.

La fronde du *Dictyota dichotoma* se compose d'une rangée de grandes cellules rectangulaires incolores, que recouvre une couche de cellules corticales beaucoup plus petites, remplies de matière colorante brune. Chacune des grandes cellules internes renferme une masse grisâtre, sorte de gros nucléus composé de corpuscules globuleux d'inégale grosseur, d'où émanent des tractus mucilagineux qui rayonnent vers les parois de la cellule. Ces parois elles-mêmes présentent une particularité qui mérite d'être signalée : elles sont couvertes de ponctuations irrégulières, semblables à celles que l'on trouve si fréquemment dans les cellules des Phanérogames, notamment dans le tissu de la moelle, et qui doivent leur origine à la même cause, c'est-à-dire à l'amincissement en ce point de la membrane cellulaire (Pl. 2, fig. 2). Suivant une remarque intéressante que m'a communiquée M. Bornet, les tractus mucilagineux émanant du nucléus sembleraient venir aboutir à ces ponctuations.

C'est aux dépens des cellules de la couche corticale que se forment les anthéridies, origine qui leur est commune avec les deux sortes de corps reproducteurs. Leur premier développement ressemble d'ailleurs à celui des sores polysporiques. Un certain nombre de cellules contiguës se gonflent et s'élèvent perpendiculairement à la surface de la fronde, en soulevant la cuticule dont celle-ci est recouverte. Toutes les cellules du sore ne sont pas destinées à subir les mêmes métamorphoses. Quelques rangées de celles qui occupent la périphérie formeront l'involucre dont j'ai parlé tout à l'heure : celles-là se renflent à leur sommet; leur paroi s'épaissit; la matière qu'elles renferment devient d'un brun noirâtre; les plus rapprochées de l'intérieur du sore grandissent plus que les autres, et finissent par se recourber sur les cellules de la partie centrale, de manière que leurs sommets en recouvrent les bords. Pendant ce temps, les cellules qui remplissent la partie centrale du sore et qui sont destinées à se transformer en anthéridies, continuent à se développer. A mesure qu'elles grandissent, leur contenu prend une teinte de plus en plus claire. Lorsqu'elles ont atteint une hauteur à peu près double de leur dimension primitive, elles se divisent en deux par une cloison transversale : la partie inférieure, devenue le pédicule de l'anthéridie, ne prend plus d'accroissement : la partie supérieure, au contraire, continue à grandir et à se cloisonner, jusqu'à ce que, par la formation plusieurs fois répétée de cloisons transversales et longitudinales, elle se trouve convertie en une masse celluleuse hyaline, un peu claviforme, composée d'un grand nombre de petites cellules alignées en séries régulières. La figure 2 (Pl. 2) représente un sore coupé transversalement un peu avant la maturité complète, et rempli de ces masses celluleuses ou anthéridies soudées entre elles. La figure 3 montre une anthéridie extraite du sore. L'aspect de ces organes à cette époque rappelle celui que présente le contenu des anthéridies des Muscinées avant la formation des anthérozoïdes. Chacune des petites cellules qui composent l'anthéridie du *Dictyota* renferme un corpuscule globuleux, d'abord peu distinct, mais qui devient de plus en plus net. Quand les sores ont atteint leur complet développement, la cuticule qui les recouvrait se détruit : les corpuscules renfermés dans les anthéridies se répandent alors dans le liquide ambiant sous la forme de globules hyalins (Fig. 4), semblables à ceux qui s'échappent des anthéridies des Floridées, et qui m'ont paru, comme ceux-ci, dépourvus de tout mouvement propre. Mais leur contenu est moins homogène et plus granuleux que dans les Floridées. De plus, toutes les fois que je les ai conservés pendant un ou deux jours dans une goutte d'eau de mer à l'abri de l'évaporation, ils ont pris l'aspect représenté dans la figure 5. En cet état ils ont quelque ressemblance avec les anthérozoïdes des Marchantiées, et j'ai cru souvent y distinguer les traces d'un fil spiral. Toutefois ils continuaient à rester immobiles. J'avoue d'ailleurs que l'apparence dont je viens de parler n'a jamais été assez nette pour ne point me laisser de doutes sur sa réalité. Peut-être n'était-elle due qu'à un commencement de décomposition des corpuscules.

Malgré les incertitudes que mes recherches m'ont laissées sur ce point, je pense qu'on ne se refusera pas à considérer les organes que je viens de décrire comme les anthéridies du *Dictyota*. Ici, comme nous le verrons tout à l'heure pour les Floridées, on est forcément conduit à assigner ce rôle à certains organes, parce qu'on ne saurait leur en attribuer d'autre. Je dois dire cependant que j'ai fait germer très souvent les tétraspores du *Dictyota dichotoma* sans les avoir mis en contact avec les anthéridies, et j'ai même suivi le développement de ces germinations pendant plusieurs mois jusqu'à la formation d'une petite fronde plane, encore simple, mais dont la structure était déjà la même que celle de la plante adulte. J'ai eu moins de succès dans les mêmes circonstances avec les polyspores, dont la germination s'est constamment arrêtée au bout de quelques jours, après la naissance des premières cloisons. Mais j'ajoute que ces expériences ne me paraissent point suffisantes, soit pour nier les fonctions des anthéridies, soit pour hasarder quelque hypothèse sur la manière dont ces fonctions pourraient s'accomplir.

Il faut prendre garde de confondre les anthéridies du *Dictyota* avec les touffes de poils blanchâtres qui sont semés sur la fronde, et qui ne sont pas sans ressemblance avec ces organes dans les premiers temps de leur développement. Ces poils, dont l'origine est due aussi à une transformation des cellules corticales, se montrent d'abord comme un petit faisceau de cellules cylindriques, implantées perpendiculairement sur la fronde, remplies d'une matière granuleuse grisâtre, et divisées par des cloisons transversales : ils sont à cette époque recouverts par la cuticule, qui plus tard se déchire, quand les cellules grandissent et s'allongent en filaments hyalins (Fig. 1, *d*, *e*, *f*). Avec un peu d'attention on distinguera toujours aisément les anthéridies de ces faisceaux de poils naissants, qui ne sont point entourés d'un involucre comme celles-ci, et qui se rencontrent d'ailleurs tant sur les individus à anthéridies que sur ceux qui portent l'une ou l'autre sorte de fructification. J'ai cru devoir cependant signaler cette cause d'erreur, parce qu'il est possible que quelques auteurs aient confondu ces deux sortes d'organes dans leurs descriptions. Peut-être les anthéridies que M. J. Agardh attribue au *Padina pavonia*, Gaill. (1), ne sont-elles que ces poils ou Paranémates dans leur premier état de développement. Je n'ai du moins jamais trouvé autre chose sur cette plante, et M. Derbès n'a pas été plus heureux que moi (2).

Quant aux anthéridies remplies de sporidies que M. J. Agardh décrit dans le *Dictyota*, il n'est pas douteux que ce soient les tétraspores épars sur la fronde auxquels l'auteur applique cette désignation bizarre. Pour réfuter une erreur aussi grave, il me suffira de dire que quand la cellule qui renferme ces organes s'est gonflée au point de former une petite sphère à la surface de la fronde, on voit nettement le contenu se partager en quatre ; puis la membrane de la cellule crève ; la masse quaternée s'échappe enveloppée d'un mucilage qui se dissout à vue d'œil ; en même temps les quatre spores s'arrondissent, se séparent, et bientôt commencent à germer.—M. Agardh se trompe d'autre part, quand il attribue la division tétrasporique aux spores réunies en sores ; car ce sont précisément celles-ci, comme je l'ai dit plus haut, qui restent indivises. M. Harvey est tombé aussi dans la même faute, en attribuant aux spores agglomérées la division quaternaire qui appartient aux spores isolées, et *vice versâ* (3).

Qu'il me soit permis, à l'occasion des diverses erreurs que j'ai

(1) *Species Algarum*, t. I, p. 112.
(2) *Thèse de botanique*, p. 14.
(3) *Phycologia Britannica*, tab. CIII ; *Nereis Boreali-Americana*, p. 110.

dû relever dans les pages précédentes, d'ajouter quelques mots sur la nécessité de réformer aujourd'hui la classification des Algues olivacées (Mélanospermées, Harv. ; Fucoïdées, Ag.). Nulle part l'ignorance de la vraie nature des organes reproducteurs n'a introduit plus de confusion que dans ce groupe, vaste assemblage de plantes appartenant à des types divers, et qui n'ont en réalité d'autre caractère commun que la couleur brune ou olivâtre de leur fronde. Il est vrai que dans la plupart des familles des Algues la coloration générale de la plante offre un rapport assez constant avec son mode de fructification, et cette concordance remarquable donne à ce caractère une importance qu'il n'a point ailleurs. Mais ce serait lui accorder une prééminence que rien ne justifie, ce serait évidemment subordonner le principal à l'accessoire que de prétendre attribuer à la couleur de la fronde une valeur supérieure à celle de la fructification elle-même. Tel est, à mon avis, le tort de ceux qui englobent les Dictyotées, Fucacées, Phéosporées, sous une dénomination commune. On a cherché à justifier le maintien de ce groupe hétérogène, en assimilant les anthéridies des Fucacées aux sporanges des Phéosporées : la ressemblance des anthérozoïdes des premières avec les zoospores des secondes a paru même si complète à quelques auteurs, qui, à la vérité, n'avaient vu ni les uns ni les autres, qu'ils n'ont point hésité à admettre l'identité de nature et de destination de ces deux sortes d'organes. Il me paraît superflu aujourd'hui de combattre cette théorie, qui ne résiste pas à un examen sérieux. J'ai indiqué ailleurs les différences qui existent entre les zoospores et les anthérozoïdes : quant à la diversité de leurs fonctions, j'ose croire que mes expériences sur la fécondation des Fucacées la mettent désormais hors de doute. Cette similitude entre des parties destinées à servir, les unes d'organes fécondants, les autres de corps reproducteurs, est d'ailleurs très digne d'attention, et rappelle la ressemblance de même ordre que l'on trouve entre les grains de pollen et les spores des Muscinées. Mais je ne pense pas qu'on soit plus fondé, dans un cas que dans l'autre, à considérer l'analogie de ces organes comme une preuve de leur identité.

Au lieu de former ces grandes agglomérations de genres disparates, artificiellement réunis par un caractère de valeur douteuse, il me semble qu'un moyen plus certain d'arriver un jour à une bonne classification des Algues serait de chercher d'abord à établir des groupes plus restreints, mais plus naturels, plus conformes aux affinités que les observations physiologiques nous révèlent. C'est à ce point de vue que je proposerai d'admettre, comme autant de familles distinctes, les Dictyotées, les Fucacées, les Tiloptéridées et les Phéosporées. Les Dictyotées, telles que je les comprends, devraient prendre place entre les Fucacées et les Floridées. Les Fucacées, qui renferment les types les plus élevés de la classe des Algues, sont, comme le remarque M. J. Agardh (1), si bien caractérisées par leur fructification conceptaculaire, qu'il ne peut s'élever aucun doute sur leur circonscription. Les Tiloptéridées ne comprennent jusqu'à présent qu'un seul genre, mais que son organisation particulière ne permet de rapporter à aucune autre famille. Enfin les Phéosporées constituent, après les Floridées, le groupe le plus important des Algues marines de nos côtes, par le nombre et la diversité des genres et des tribus qu'elles renferment (2). La reproduction par zoospores qui caractérise cette famille la lie évidemment aux Zoosporées vertes que j'ai désignées sous le nom de Chlorosporées. Mais elle n'en forme pas moins un groupe bien distinct par la structure des zoospores, la localisation constante de la fructification, la couleur de la fronde, enfin par l'ensemble d'une

(1) *Species Algarum*, t. I, p. 183.

(2) Voici l'énumération des genres qui, d'après mes observations, appartiennent aux Phéosporées, énumération d'ailleurs fort incomplète; car il y en a beaucoup d'autres dont je n'ai pu encore étudier suffisamment la fructification, mais qui devront certainement venir s'y ajouter : *Scytosiphon*, Ag. (= *Chorda lomentaria*, Lyngb.); *Ilea*, Aresch. (= *Laminaria Fascia*, Ag.); *Litosiphon*, Harv.; *Dictyosiphon*, Grev.; *Punctaria*, Grev.; *Colpoménia*, Derb. et Sol.; *Asperococcus*, Lmx; *Desmarestia*, Lmx (= *Dichloria*, Grev.); *Myriotrichia*, Harv.; *Streblonema*, Derb. et Sol. (= *Cylindrocarpus*, Crouan); *Ectocarpus*, Lyngb.; *Cladostephus*, Ag.; *Arthrocladia*, Duby; *Cutleria*, Grev.; *Myrionema*, Grev.; *Petrospongium*, Næg. (= *Leathesia Berkeleyi*, Harv.); *Leathesia*, Gray; *Ralfsia*, Berk.; *Elachistea*, Duby (= *Myriactis*, Kütz, et *Phycophila*, Kütz.); *Myriocladia*, J. Ag.; *Mesoglœa*, Ag.; *Liebmannia* J. Ag.; *Chordaria*, Ag.; *Chorda*, Stackh.; *Stilophora*, J. Ag.; *Sporochnus*, Ag.; *Laminaria*, Lmx; *Saccorhiza*, La Pyl.

organisation qui atteint un degré de complication beaucoup plus élevé que dans l'autre embranchement des Zoosporées. J'ai fait connaître, dans mes *Recherches sur les zoospores*, les deux formes de sporanges que l'on trouve dans les Phéosporées, l'une où les zoospores sont agglomérés dans une cavité unique, l'autre où ils sont renfermés dans des compartiments séparés. A la première je donnais le nom d'*oosporanges*, à la seconde celui de *trichosporanges*, afin d'indiquer le caractère distinctif que présentent habituellement ces deux organes. Mais, depuis l'époque où ce mémoire a été publié, l'étude plus approfondie que j'ai pu faire de ces deux sortes de sporanges dans d'autres Algues appartenant au même groupe, notamment dans les *Punctaria*, *Litosiphon*, *Ectocarpus*, etc., m'a conduit à reconnaître que les noms ci-dessus avaient l'inconvénient de présenter un sens trop exclusif, et de ne s'appliquer qu'à une différence de forme qui ne se rencontre pas toujours. Je proposerai donc de les remplacer par ceux de *sporanges uniloculaires* et *sporanges pluriloculaires*, dénominations qui expriment plus exactement la différence de structure propre à ces deux modes de fructification. Quant aux noms de spermatoïdies, pseudospermaties, propagules, il m'est impossible de les admettre. Créés pour exprimer des idées erronées sur la fructification des Algues, appliqués par leurs auteurs eux-mêmes à des organes très divers, ils ne pourraient que perpétuer la confusion qui a régné si longtemps dans cette partie de l'Algologie.

Floridées.

La découverte des anthéridies des Floridées remonte à Ellis, qui, dès l'année 1757, observa ces organes sur le *Conferva polymorpha*, L. (*Polysiphonia fastigiata*, Grev.). La description qu'il donne de ces chatons mâles, comme il les appelle, est accompagnée d'une bonne figure bien reconnaissable (1). Lightfoot (2) et Roth (3) reproduisirent les observations d'Ellis sans y rien ajouter. Lyngbye

(1) *Philosophical Transactions*, t. LVII, p. 424, tab. XVIII, fig. *b*, *B*, *B'*.

(2) *Flora Scotica*, p. 990.

(3) *Catalecta botanica*, III, p. 157.

retrouva ces organes dans d'autres espèces du même genre (*Polysiphonia violacea* et *byssoides*); mais il crut qu'ils appartenaient au règne animal (1). Bonnemaison les vit aussi dans quelques *Polysiphonia* (2). M. Agardh père les décrivit dans plusieurs espèces, et les désigna le premier sous le nom d'anthéridies (3). Jusque là on n'avait observé ces organes que dans les *Polysiphonia*, où ils sont, en effet, plus faciles à découvrir qu'ailleurs, à cause de leur forme remarquable et de leur grande abondance. Plus tard l'existence de productions analogues fut signalée dans d'autres genres par MM. Greville (4), Harvey (5), J. Agardh (6), Kützing (7), Nægeli (8), etc. Mais c'est seulement à dater des travaux de MM. Derbès et Solier que les anthéridies des Floridées ont commencé à être bien connues (9). C'est à ces deux auteurs qu'appartient le mérite d'avoir les premiers démontré par de nombreuses observations l'importance réelle de ces organes, qu'ils étudièrent avec beaucoup plus de soin qu'on ne l'avait fait avant eux, et qu'ils firent connaître dans beaucoup d'espèces où l'on n'en soupçonnait pas l'existence. Enfin j'ai moi-même publié sur ce sujet quelques recherches (10), auxquelles de nouvelles études me permettent d'ajouter aujourd'hui les détails qu'on va lire.

Les anthéridies des Floridées consistent en productions celluleuses ordinairement incolores, de formes variées, qui se développent à la même place que les organes de la fructification. Quelles

(1) *Tentamen Hydrophytologiæ Danicæ*, p. 113, t. XXXV, A, fig. 3.

(2) *Essai d'une classification des Hydrophytes loculées*, p. 25. — *Essai sur les Hydrophytes loculées*, p. 73, 85, 86, 93.

(3) *Species Algarum*, t. II, p. 57, 62, 78, 79, 90.

(4) *Algæ Britannicæ*, p. 105, 110, tab. XIV.

(5) *Manual of the British Algæ*, p. XXII, 103.

(6) *Algæ maris Mediterranei et Adriatici*, p. 65.

(7) *Phycologia generalis*, p. 108, 109, 376, 448.

(8) *Die neuern Algensysteme*, p. 211.

(9) *Mémoire sur quelques points de la physiologie des Algues* (*Supplément aux Comptes rendus des séances de l'Académie des sciences*, t. I). — *Sur les organes reproducteurs des Algues* (*Ann. des sc. nat.*, 3ᵉ série, t. XIV, p. 261).

(10) *Ann. des sc. nat.*, 3ᵉ série, t. XVI, p. 14.

que soient les différentes apparences qu'elles revêtent dans différents genres, elles ont toujours pour caractère essentiel d'être composées de très petites cellules hyalines, qui renferment chacune un corpuscule ovoïde ou sphérique, également incolore : ces corpuscules sont expulsés hors des cellules et se répandent dans le liquide ambiant, mais sans que j'aie pu y constater ni mouvement propre ni organe locomoteur. Traitées par le sucre et l'acide sulfurique, les anthéridies prennent une couleur d'un rose vif très intense, qui indique leur richesse en matière azotée.

En général, les anthéridies ne se développent point sur le même individu que les corps reproducteurs. Cependant cette séparation des deux organes n'est pas aussi constante que celle des deux sortes de fructification. Dans le *Callithamnion brachiatum*, Harv., j'ai trouvé quelquefois des anthéridies sur la même plante et sur le même rameau que les favelles ou que les tétraspores. J'ai fait une observation analogue sur le *Bonnemaisonia asparagoides*, Ag. Mais c'est surtout dans les Porphyrées et les Helminthocladées que la promiscuité des deux organes est le plus fréquente.

Les Floridées de nos côtes dans lesquelles j'ai constaté la présence des anthéridies, sont déjà au nombre de près de soixante-dix, et il est probable que des recherches plus spécialement dirigées dans le but de découvrir ces organes ne tarderaient pas à augmenter ce chiffre. Je vais donner la liste de ces espèces, en indiquant celles qui sont monoïques, c'est-à-dire dans lesquelles les anthéridies et les corps reproducteurs se trouvent sur le même individu : toutes les autres sont dioïques. Je suivrai dans ce tableau l'ordre adopté par M. J. Agardh dans son *Species Algarum*, en me bornant à quelques rectifications de détail. Ce n'est pas que la classification de M. Agardh me paraisse irréprochable ; mais elle est la meilleure que nous possédions aujourd'hui, et ce ne serait pas ici le lieu de proposer les réformes que je voudrais y introduire. J'ajouterai seulement en tête la tribu des Porphyrées : ces plantes s'éloignent sans doute des vraies Floridées par la simplicité de leur structure et le défaut de localisation des corps reproducteurs ; mais, d'autre part, elles s'en rapprochent tellement par leurs tétraspores et leurs anthéridies qu'il me paraît impossible de les reporter ailleurs. Les réunir aux Ulvacées, comme on le fait d'ordinaire, c'est tenir plus de compte d'une grossière ressemblance d'aspect que des caractères fournis par l'organisation.

PORPHYREÆ.

Porphyra vulgaris, Ag. (monoïque); *P. laciniata*, Ag. (quelquefois monoïque); *P. linearis*, Grev. (quelquefois monoïque).

Bangia fusco-purpurea, Lyngb.

CERAMIEÆ.

Callithamnion Plumula, Ag.; *C. corymbosum*, Lyngb.; *C. flexuosum*, Ag. (= *Corynospora flexuosa*, J. Ag.); *C. polyspermum*, Ag.; *C. Borreri*, Harv.; *C. Hookeri*, Ag.; *C. brachiatum*, Harv. (quelquefois monoïque); *C. granulatum*, Ag.

Griffithsia corallina, Ag.; *G. setacea*, Ag.; *G. sphærica*, Schousb.

Halurus equisetifolius, Kütz.

Ceramium diaphanum, Roth, var. minor, Crouan; *C. circinatum*, J. Ag.; *C. rubrum*, Ag.; *C. acanthonotum*, Carm; *C. flabelligerum*, J. Ag.

CRYPTONEMEÆ.

Furcellaria fastigiata, Ag.

GIGARTINEÆ.

Gigartina Teedii, Lmx.

Phyllophora nervosa, Grev.; *P. Heredia*, J. Ag.

DUMONTIEÆ.

Lomentaria articulata, Lyngb.; *L. clavellosa*, Gaill. (1).

(1) Il est impossible de maintenir la synonymie des genres *Lomentaria* et *Chylocladia*, telle que l'admet M. J. Agardh; car elle repose sur une grave erreur d'observation. Lyngbye a créé le genre *Lomentaria* pour le *Fucus articulatus* (*Tent. Hydroph. Dan.*, p. 101). Or la fructification de cette espèce, que personne ne semble avoir pris la peine d'examiner sur le vivant, est absolument identique avec celle du *Chylocladia clavellosa*, Grev. Même structure du cystocarpe. Même disposition des tétraspores, qui sont cachés dans des cryptes corticales,

RHODYMENIEÆ.

Rhodymenia palmata, Grev.; *R. Palmetta*, Grev.
Plocamium vulgare, Lmx.

HELMINTHOCLADEÆ.

Helminthocladia purpurea, J. Ag. (monoïque).
Helminthora divaricata, J. Ag. (monoïque).
Nemalion lubricum, Duby (quelquefois monoïque); *N. multifidum*, J. Ag. (monoïque).

HYPNEACEÆ.

Hypnea musciformis, Lmx.

SQUAMARIEÆ.

Cruoria pellita, Fries (= *Cruoria adhærens*, Crouan) (1).
Peyssonnelia squamaria, Dcne.

CORALLINEÆ.

Melobesia Lenormandi, Aresch.

SPHÆROCOCCOIDEÆ.

Gracilaria armata, J. Ag.
Nitophyllum ocellatum, Grev.; *N. Hilliæ*, Grev
Delesseria Hypoglossum, Lmx.

comme M. Kützing l'a figuré pour son *Chondrosiphon mediterraneus* (*Phyc. gener.*, tab. 53, fig. III). Cette particularité si remarquable du fruit tétrasporique est constante, et ne dépend nullement de l'âge de la plante, comme le croit M. J. Agardh (*Sp. Alg.*, t. II, p. 362). Il faut donc réserver le nom de *Lomentaria* pour les espèces qui présentent cette organisation. Mais les *Lomentaria kaliformis*, Gaill., *clavata*, J. Ag., *ovalis*, Endl., etc., dont les fruits tétrasporique et conceptaculaire ont une structure différente, devront en être exclus et reportés au genre *Chylocladia*, Grev.

(1) Je ne puis trouver aucune différence entre le *Cruoria* des côtes de Bretagne et de Normandie, et le *Chætophora pellita*, Lyngb., que j'ai étudié sur des échantillons authentiques envoyés à Bory de Saint-Vincent par Hofman-Bang et par Lyngbye lui-même : l'échantillon de ce dernier auteur a des tétraspores.

WRANGELIEÆ.

Spermothamnion Turneri, Aresch. (= *Callithamnion Turneri*, Ag.).
Bornetia secundiflora, Nob. (= *Griffithsia secundiflora*, J. Ag.).
Wrangelia penicillata, Ag.

CHONDRIEÆ.

Chylocladia kaliformis, Hook.; *C. squarrosa*, Nob. (= *Lomentaria squarrosa*, Kütz.); *C. mediterranea*, J. Ag.
Laurencia pyramidalis, Bory; *L. hybrida*, Lenorm.; *L. pinnatifida*, Lmx.
Bonnemaisonia asparagoides, Ag. (monoïque; dioïque selon MM. Derbès et Solier).

RHODOMELEÆ.

Alsidium dasyphyllum, Crouan; *A. tenuissimum*, Kütz.
Rhodomela subfusca, Ag.
Polysiphonia pulvinata, Spreng.; *P. urceolata*, Grev.; *P. insidiosa*, Crouan; *P. fibrata*, Harv.; *P. fibrillosa*, Grev.; *P. elongata*, Grev.; *P. Brodiæi*, Grev.; *P. variegata*, Ag.; *P. atro-rubescens*, Grev.; *P. nigrescens*, Grev.; *P. fastigiata*, Grev.; *P. byssoides*, Grev., etc.

Ricardia Montagnei, Derb. ined.

MM. Derbès et Solier avaient déjà signalé la présence des anthéridies dans quinze des espèces ci-dessus, et, en outre, dans les suivantes (1) :

Bangia lutea, J. Ag.
Griffithsia Schousbœi, Mont.
Wrangelia (Spermothamnion) minima, Derb. et Sol.
Laurencia obtusa, Lmx.
Rytiphlœa pinastroides, Ag.; *R. tinctoria*, Ag.
Polysiphonia Giraudii, Derb. et Sol.; *P. Derbesii*, Sol.; *P. vestita*, J. Ag.; *P. flexella*, Ag.; *P. nodosa*, J. Ag.?; *P. opaca*, J. Ag.

En ajoutant à ces deux listes l'*Odonthalia dentata*, Lyngb., dont M. Kützing a décrit les anthéridies (2), le *Callithamnion versi-*

(1) *Loc. cit.*
(2) *Phycologia generalis*, p. 448.

color, Ag., où elles sont mentionnées par M. J. Agardh (1), les *Rytiphlœa thuyoides* et *fruticulosa*, Harv. (2), et le *Dasya venusta*, Harv. (3), où elles ont été observées par M. Harvey, on arrive à un total de quatre-vingt-cinq espèces européennes, appartenant à trente-cinq genres, dans lesquelles la présence de ces organes a été constatée. Quoique ce nombre ne soit pas encore très considérable, il est à remarquer qu'à l'exception de deux tribus (Spyridiées, Gélidiées) qui ne renferment chacune qu'un genre européen, et d'une troisième (Chætangiées) qui est entièrement exotique, tous les grands ordres établis par M. J. Agardh comptent au moins un représentant parmi les trente-cinq genres que je viens de citer.

Il est donc fort probable que l'existence des anthéridies est un fait général dans les Floridées. On peut croire qu'il en sera de cette famille comme des Mousses, où pendant longtemps ces organes n'ont été connus que dans quelques espèces, mais où des recherches plus attentives les ont fait ensuite retrouver partout. Quelques faits, il est vrai, semblent contredire cette hypothèse et demandent un nouvel examen. On n'a point encore observé d'anthéridies dans certaines Algues d'eau douce, très voisines d'espèces marines où on les trouve en abondance. Ainsi MM. Derbès et Solier, qui les premiers ont décrit les anthéridies des *Bangia* marins, n'ont pu retrouver ces organes dans le *Bangia atro-purpurea*, Ag., qui croît dans nos ruisseaux (4). Mes recherches sur ces plantes m'ont donné le même résultat. Je citerai encore les genres *Helminthocladia*, *Helminthora* et *Nemalion*, où les anthéridies se montrent fréquemment sous la forme de petites cellules hyalines implantées au sommet des rameaux périphériques, tandis qu'on n'a encore rien vu de pareil dans les *Batrachospermum*, genre d'eau douce dont l'affinité avec les précédents me paraît d'ailleurs incontestable.

Remarquons cependant qu'il ne faut point se hâter de conclure que les anthéridies n'existent pas, de ce qu'on n'a point su les voir.

(1) *Species Algarum*, t. II, p. 42.

(2) *Manual of the British marine Algæ*, p. 81.

(3) *Phycologia Britannica*, tab. CCXXV.

(4) *Mémoire sur quelques points de la physiologie des Algues*, p. 66.

Nulle part on ne doit accorder moins de valeur à des observations négatives. Les anthéridies des Floridées sont souvent difficiles à reconnaître, parce qu'elles ne représentent pas toujours un organe distinct, de forme bien caractérisée. J'appellerai surtout l'attention sur une particularité de leur structure qui se rencontre dans un grand nombre de genres, et qui est sans doute la cause principale de l'ignorance où l'on est resté si longtemps à leur sujet. Au lieu de naître sur un axe particulier comme dans les *Polysiphonia*, *Alsidium*, *Wrangelia*, etc., il arrive fréquemment que les petites cellules dont les anthéridies sont composées, sont implantées perpendiculairement à la surface de la fronde, et ne forment qu'une couche incolore peu saillante, plus ou moins étendue, qui peut facilement échapper à l'observation. Telle est la structure de celles que l'on trouve dans les *Ceramium*, *Furcellaria*, *Gigartina*, *Lomentaria*, *Rhodymenia*, *Plocamium*, *Nitophyllum*, *Delesseria*, *Chylocladia*, etc. La Planche 3 offre deux exemples de ces sortes d'anthéridies, l'un tiré du *Furcellaria fastigiata*, Ag., l'autre du *Rhodymenia palmata*, Grev. Il n'est point douteux qu'on n'en retrouve de semblables dans beaucoup d'autres Algues encore, pour peu qu'on les y cherche avec quelque attention. Il faut, en général, le secours du microscope pour s'assurer de leur présence. Néanmoins l'expérience m'a appris que, quand on rencontre une espèce en abondance et bien fructifiée, si parmi les échantillons fertiles on en remarque d'autres qui ont atteint les mêmes dimensions, mais qui sont dépourvus de fruit, on peut avec assez de confiance chercher des anthéridies sur ces derniers.

Je serais forcé d'entrer dans des développements trop étendus, si je voulais passer en revue toutes les différentes formes que présentent les anthéridies dans les espèces dont j'ai donné la liste. Je crois donc devoir omettre celles qui ont été décrites précédemment, ou qui se rattachent à des types déjà connus, et me borner à en mentionner quelques-unes dont la structure particulière mérite plus d'intérêt.

Dans le *Gracilaria armata*, J. Ag., les anthéridies sont encore moins apparentes que dans les genres dont je viens de parler. Placées, de même que les tétraspores, sur les petits ramules latéraux de la plante, elles ne font point saillie à la surface du tissu, et semblent être le résultat d'une transformation partielle des cellules colorées de l'épiderme, que l'on retrouve en grand nombre disséminées entre les petites cellules hyalines qui composent l'anthéridie.

Celles de l'*Hypnea musciformis*, Lmx, naissent aussi, comme les tétraspores, à la base des petits rameaux spiniformes dont la fronde est hérissée. Elles consistent en de nombreux filaments hyalins, très courts, très serrés, formés de trois ou quatre cellules superposées, implantés perpendiculairement sur le rameau, et réunis en sores d'étendue irrégulière, que recouvre la cuticule.

Les anthéridies du *Peyssonnelia squamaria*, Dcne, ont quelques points de ressemblance avec celles de l'*Hypnea*. Mais leur structure est beaucoup plus développée et m'a paru assez remarquable pour mériter d'être figurée en détail. (Voy. Pl. 4.) Elles se composent de filaments hyalins, dressés, cloisonnés, assez longs, formant par leur réunion un tubercule arrondi, analogue à ceux qui renferment les tétraspores ou les cystocarpes, mais plus petit et incolore. Chaque article des filaments contient deux ou trois corpuscules, qui en sortent peu à peu comme dans les autres anthéridies, et se répandent dans l'eau sous la forme de globules hyalins.

Le *Cruoria pellita*, Fries, quoique rangé par M. J. Agardh dans la même tribu que le *Peyssonnelia*, a des anthéridies très différentes. Elles consistent en quelques cellules ovoïdes, hyalines, réunies en petits bouquets au sommet des filaments dressés, dont l'assemblage constitue la fronde de cette Algue singulière. Il résulte de cette disposition que toute la surface de la plante mâle est occupée par une zone incolore, facile à distinguer sur une section verticale avec un faible grossissement du microscope.

On s'étonnera peut-être de trouver des anthéridies d'une structure si dissemblable dans deux Algues appartenant à une même tribu. Mais il faut remarquer que les Squamariées de M. J. Agardh sont un groupe fort hétérogène, et que la fructification du *Cruoria* diffère beaucoup de celle du *Peyssonnelia*. Il semble, en effet, qu'il existe une certaine relation entre l'affinité des genres et la structure des anthéridies. Celles-ci sont identiques dans les genres très voisins, comme, par exemple, dans les *Porphyra* et les *Bangia*, les

Griffithsia et l'*Halurus*, l'*Helminthocladia*, l'*Helminthora* et le *Nemalion*, etc. Aussi ne puis-je partager l'opinion de M. Ruprecht sur le peu de valeur des caractères que présentent ces organes, et sur l'impossibilité d'en tirer plus de parti pour la classification des Floridées que pour celle des Mousses, des Hépatiques ou des Fougères (1). Un simple coup d'œil jeté sur les planches de MM. Derbès et Solier, sur celles qui accompagnent mon précédent mémoire et le travail que je publie aujourd'hui, suffira pour reconnaître que cette comparaison est inexacte, et que les anthéridies des Floridées se distinguent par des différences importantes, qu'il ne semble pas permis de négliger. Je suis même très porté à croire que le seul moyen d'arriver à bien grouper les genres et les tribus de cette grande famille, serait d'employer concurremment les caractères tirés des cystocarpes, des tétraspores et des anthéridies. Il faudrait donc apporter à l'étude de ces organes plus d'attention qu'on ne l'a fait jusqu'ici, et s'efforcer, quand on décrit un genre, d'ajouter à la description du fruit celle des anthéridies qui la complète.

Quelle que soit la diversité de forme et de structure des anthéridies, il est aisé de reconnaître qu'elles occupent en général une place correspondante à celle des organes de la fructification. Cette similitude de position des deux organes n'est nulle part plus frappante que dans certaines Algues, comme les *Griffithsia*, où on les voit tous deux se développer à l'intérieur d'involucres particuliers formés par de petits rameaux verticillés. Dans les *Callithamnion* la position des anthéridies est à peu près la même que celle des tétraspores. On peut en dire autant des *Ceramium*, où la couche incolore formée par ces organes revêt en partie les anneaux du tube chez les espèces dont la zone corticale est interrompue de distance en distance (*Ceramium diaphanum*, *acanthonotum*), ou bien s'étend en plaques irrégulières sur les rameaux de celles où le tube est entièrement recouvert de cellules corticales (*Ceramium rubrum*, *flabelligerum*). Dans le *Furcellaria fastigiata*, Ag., les anthéridies recouvrent le sommet de rameaux renflés, semblables à

(1) *Ueber das System der Rhodophyceæ* (*Mémoires de l'Académie de Saint Pétersbourg, Sciences naturelles*, t. VII).

ceux qui renferment les tétraspores ou les cystocarpes, mais faciles à distinguer par leur couleur plus claire et leur demi-transparence : ces réceptacles se décomposent et tombent après l'émission des corpuscules renfermés dans les anthéridies, de même que les réceptacles fructifères se détruisent par une désagrégation du tissu qui met les spores en liberté. Dans le *Rhodymenia palmata*, Grev., on trouve abondamment durant l'hiver des plantes où les tétraspores sont réunis sur les deux faces de la fronde en larges plaques ou sores de forme irrégulière, et d'autres où les anthéridies sont placées de même et forment des taches semblables, mais de couleur pâle. Même analogie dans le *Rhodymenia Palmetta*, Grev., où les plaques blanchâtres produites par les anthéridies occupent, comme les sores, les sommets des segments ; dans le *Delesseria Hypoglossum*, Lmx, où tous deux sont placés le long de la nervure des folioles ; dans le *Nitophyllum Hilliæ*, Grev., où tous deux forment sur les frondes de petites taches nombreuses, plus foncées que le tissu si ce sont des tétraspores, plus claires si ce sont des anthéridies. J'ai déjà signalé la singulière analogie qui existe entre les anthéridies et les tubercules fructifères du *Peyssonnelia*. Sans vouloir étendre plus loin cette énumération, je mentionnerai encore une plante appartenant à la tribu des Corallines, qui offre un exemple remarquable de la ressemblance de position des anthéridies et des corps reproducteurs. On sait, depuis les importants travaux de M. Decaisne sur les Corallines (1), que la fructification de ces plantes consiste en tétraspores oblongs, à division transversale, renfermés dans des conceptacles ou Céramides, et qu'ainsi elle semble réunir à la fois les caractères propres aux deux sortes de fruits des autres Floridées (2). Or, l'un des résultats les plus heu-

(1) *Essai sur une classification des Algues et des Polypiers calcifères* (*Ann. des sc. nat.*, 2e série, t. XVII et XVIII).

(2) Je dois dire toutefois que j'ai rencontré assez souvent dans les *Jania rubens* et *corniculata*, Lmx, des individus dont les conceptacles, parfaitement semblables du reste à ceux qui contiennent les tétraspores, renfermaient en place de ceux-ci des spores simples, rondes, rayonnant d'un placenta central ; en un mot, c'étaient de véritables cystocarpes, tout à fait analogues à ceux de beaucoup de Floridées.

J'ajouterai que dans quelques *Melobesia* dont la fronde forme une croûte étroi-

reux de mes recherches a été de trouver un échantillon de *Melobesia Lenormandi*, Aresch., dans lequel tous les conceptacles sont uniquement remplis d'anthéridies, formées, comme celle des Callithamniées, par de petits bouquets de cellules hyalines.

Si j'insiste sur ces rapports de position, c'est qu'en l'absence de tout autre moyen de déterminer la vraie nature des anthéridies, ils me semblent indiquer que ces organes ont une importance égale à celle des corps dont ils tiennent la place, et remplissent probablement des fonctions corrélatives. Ces fonctions sont-elles celles d'organes fécondants? Nous sommes forcés de le croire, par l'impossibilité de leur en attribuer d'autres. L'observation ne nous apprend d'ailleurs rien de plus. La présence des anthéridies n'est point liée à celle de l'une ou de l'autre sorte de fructification. Car elles existent dans le *Rhodymenia palmata* et les Porphyrées où l'on ne connaît que des tétraspores, comme dans le *Bonnemaisonia* et les Helminthocladées où l'on ne trouve que des cystocarpes. Quant aux corpuscules qui s'en échappent, leur action fécondante, s'ils en ont une, ne paraît pas devoir s'exercer sur la spore même. Du moins leur contact n'est pas nécessaire pour la germination de celle-ci, comme il est facile de s'en assurer en faisant germer à part les spores provenant de l'une ou de l'autre fructification. Ici d'ailleurs, comme dans les familles précédentes, je ne voudrais tirer de ce fait aucune objection contre les fonctions présumées des anthéridies. Car, lorsque nous rencontrons des organes dont la position, la structure, la fréquence, semblent indiquer le rôle, je ne crois pas que nous soyons en droit de nier leur action, parce que nous ne savons pas comment elle s'exécute.

tement appliquée sur les rochers (*Melobesia polymorpha*, Harv., *M. Lenormandi*, Aresch.), les tétraspores sont presque constamment remplacés par des *dispores*.

EXPLICATION DES FIGURES.

PLANCHE 2.

Dictyota dichotoma, Lamx.

Fig. 1. Coupe transversale d'une fronde mâle. Cette figure est destinée à montrer le développement comparatif des sores d'anthéridies et des touffes de poils hyalins qui sont semées sur la fronde. — *a*. Jeune sore. — *b*, *b*. Sores plus âgés. — *c*. Sore vide. Les anthéridies ont disparu. Il ne reste que les cellules extérieures qui formaient l'involucre. — *d*. Touffe de poils très jeunes. — *e*. *Id*. plus âgés. — *f*. *Id*. complétement développés. (Grossissement de 80 diamètres.)

Fig. 2. Coupe transversale d'un sore. Les anthéridies, en se développant, repoussent les cellules de l'involucre, qui se recourbent à leur sommet de manière à recouvrir les anthéridies marginales. (Grossissement de 250 diamètres.)

Fig. 3. Anthéridie isolée, qui n'a point encore atteint son développement complet. Plus tard on les trouve remplies de corpuscules globuleux alignés en séries régulières. Mais je n'ai pu réussir à les extraire du sore dans un état aussi avancé. (Grossissement de 250 diamètres.)

Fig. 4. Corpuscules (anthérozoïdes?) issus des anthéridies. (Grossissement de 400 diamètres.)

Fig. 5. Les mêmes conservés dans l'eau de mer pendant un ou deux jours. (Grossissement de 400 diamètres.)

PLANCHE 3.

Furcellaria fastigiata, Ag.

Fig. 6. Coupe transversale d'un réceptacle mâle. La pellicule épidermique ou cuticule se détache par lamelles pour permettre aux corpuscules renfermés dans les anthéridies de se répandre dans l'eau. (Grossissement de 250 diamètres.)

Fig. 7. Corpuscules issus des anthéridies. (Grossissement de 400 diamètres.)

Rhodymenia palmata, Grev.

Fig. 8. Coupe transversale d'une fronde mâle, passant à travers deux sores d'anthéridies placés sur chaque face. (Grossissement de 250 diamètres.)

Fig. 9. Corpuscules issus des anthéridies et groupe de cellules détaché du sore. (Grossissement de 400 diamètres.)

PLANCHE 4.

Peyssonnelia squamaria, Dcne.

Fig. 10. Coupe transversale d'une fronde mâle, passant à travers un sore d'anthéridies. Le sore forme à la surface de la fronde une petite convexité incolore, que recouvre la cuticule. Les cellules de la fronde sont colorées en rose, et présentent une disposition oblique, parce que la section a été dirigée du centre à la circonférence. La face inférieure de la fronde est garnie de nombreuses radicelles. (Grossissement de 90 diamètres.)

Fig. 11. Fragment d'un sore. Les anthéridies consistent en filaments cloisonnés, atténués au sommet, implantés verticalement sur la fronde et recouverts par la cuticule, qui se détache pour mettre en liberté les corpuscules qu'ils contiennent. (Grossissement de 250 diamètres.)

Fig. 12. Fragment d'un sore après que les corpuscules sont sortis des filaments. On voit alors nettement la structure celluleuse de ces derniers. (Grossissement de 250 diamètres.)

Fig. 13. Corpuscules issus des anthéridies. (Grossissement de 400 diamètres.)

PARIS. — Imprimerie de L. MARTINET, rue Mignon, 2.

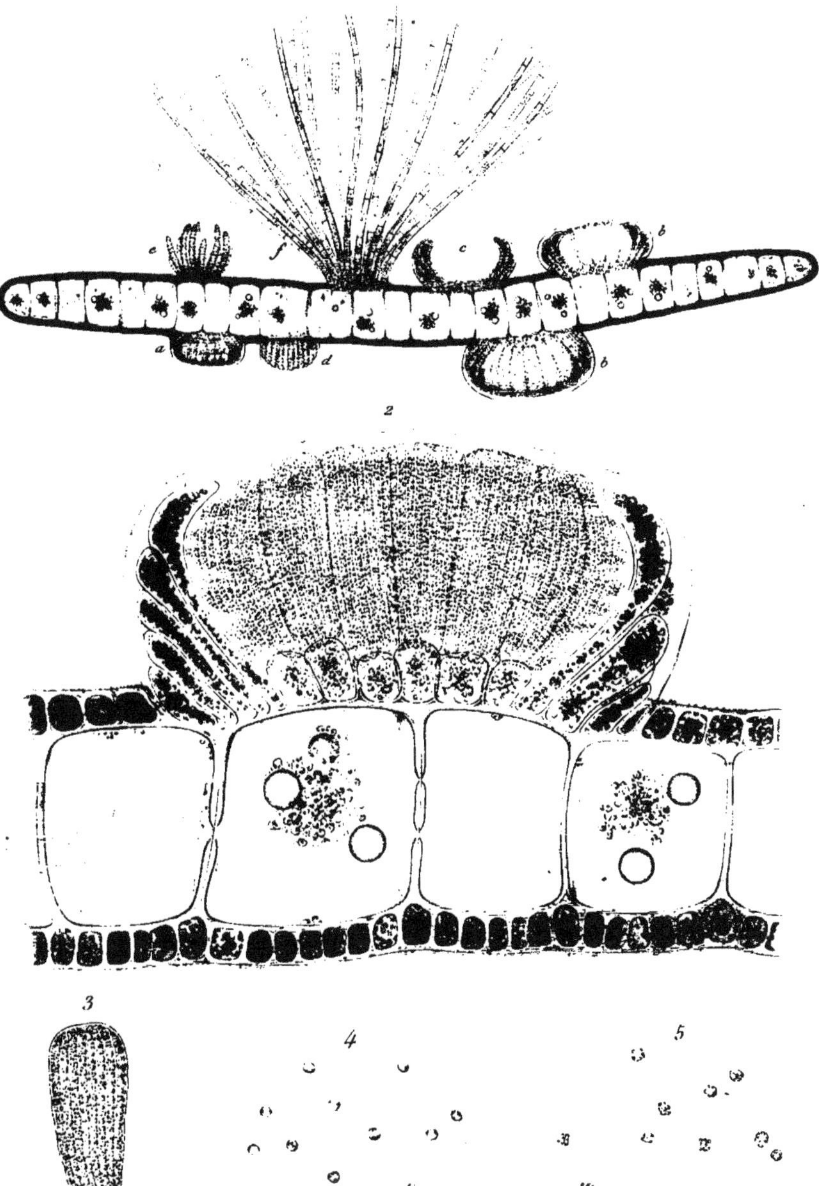

Riocreux del. Martin sc.

BIBLIOTH. IMPÉRIALE IMPR.

Dictyota dichotoma, Lmx.

N. Rémond imp.

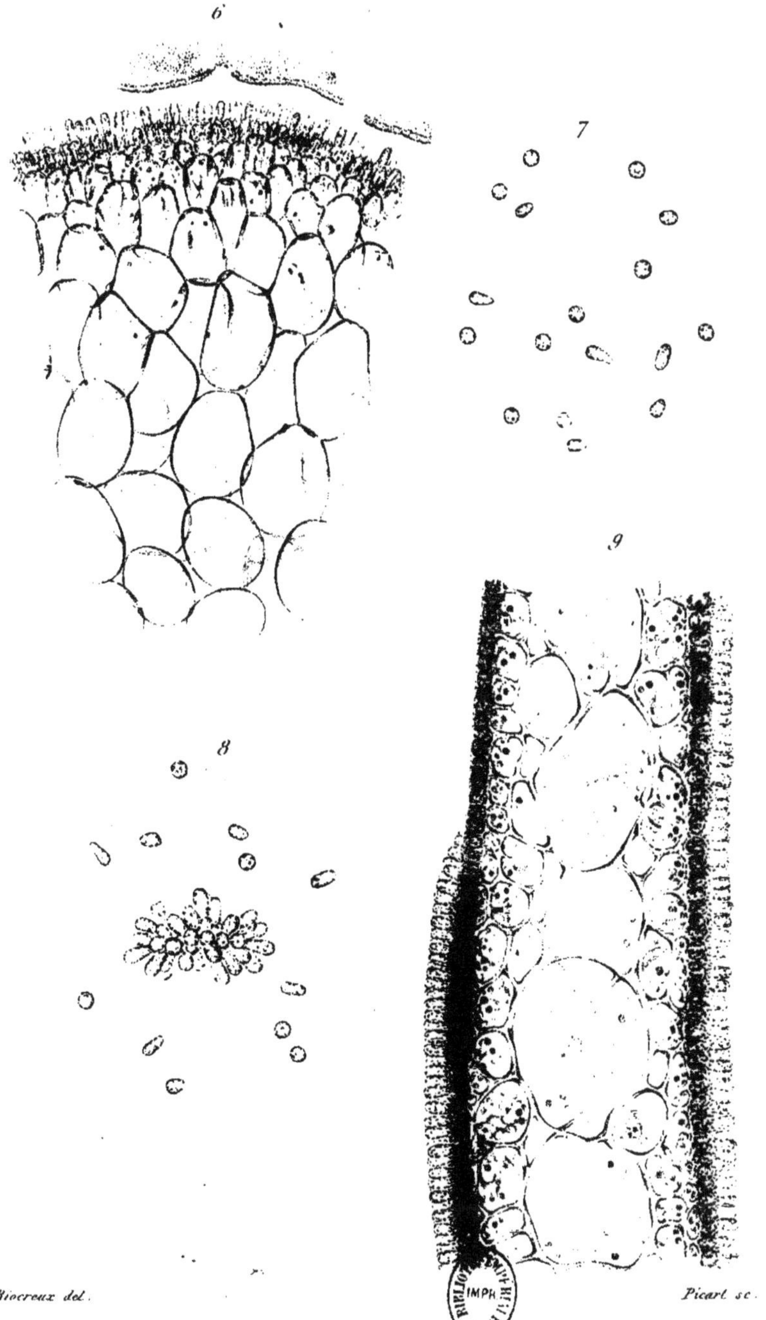

Riocreux del. Picart sc.

Furcellaria fastigiata, Ag. — Rhodymenia palmata, Grev.

N. Rémond imp.

BIBLIOTHÈQUE IMPÉRIALE

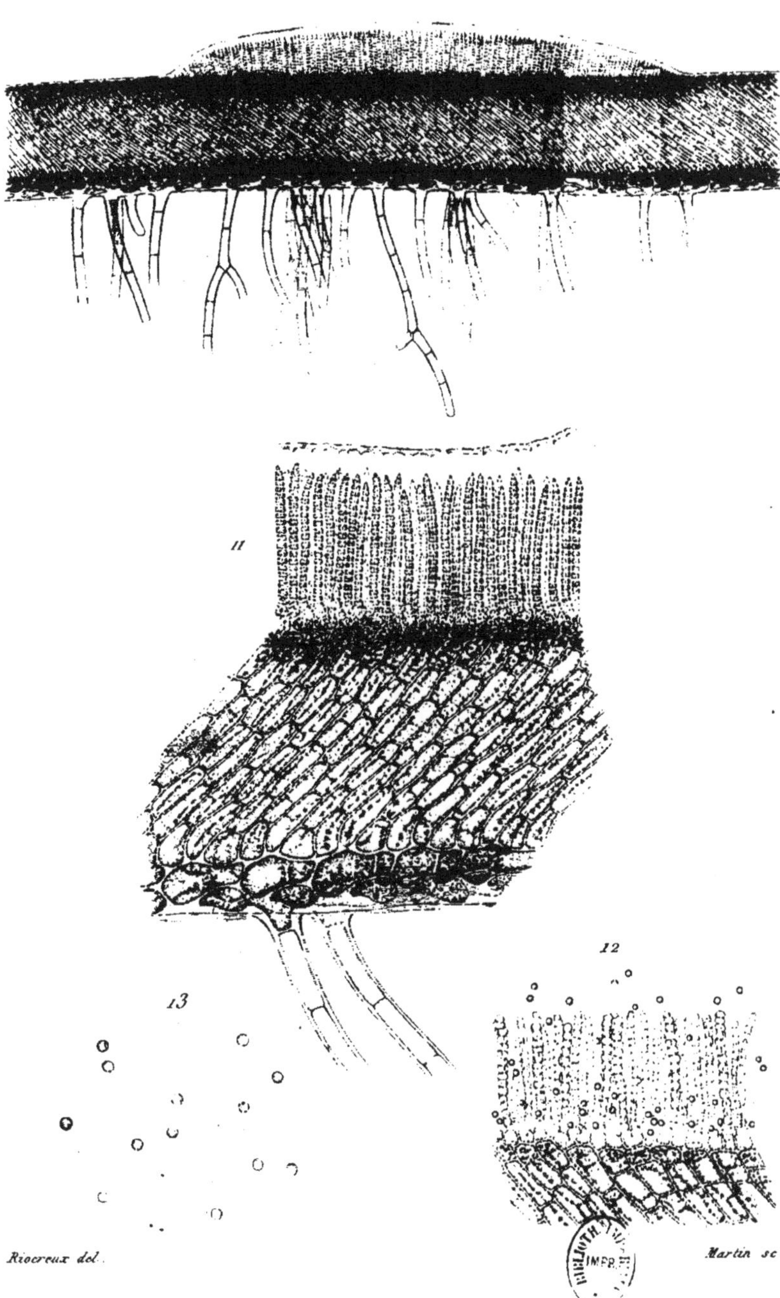

Rioereux del. Martin sc.

BIBLIOTH. IMPR.

Peyssonnelia squamaria, Dcne.

H. Reinond imp.

www.ingramcontent.com/pod-product-compliance
Ingram Content Group UK Ltd.
Pitfield, Milton Keynes, MK11 3LW, UK
UKHW021945260726
13994UKWH00004B/1546

9 782329 353500